JN248016

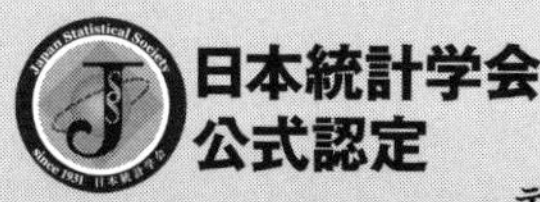

日本統計学会◉編

データに基づく数量的な思考力を測る全国統一試験

統計検定

2級

公式問題集

2017～2019年

実務教育出版

まえがき

昨今の目まぐるしく変化する世界情勢の中，日本全体のグローバル化とそれに対応した社会のイノベーションが重要視されている。イノベーションの達成には，あらたな課題を自ら発見し，その課題を解決する能力を有する人材育成が不可欠であり，課題を発見し，解決するための能力の一つとしてデータに基づく数量的な思考力，いわゆる統計的思考力が重要なスキルと位置づけられている。

現代では，「統計的思考力（統計的なものの見方と統計分析の能力）」は市民レベルから研究者レベルまで，業種や職種を問わず必要とされている。実際に，多くの国々において統計的思考力の教育は重視され，組織的な取り組みのもとに，あらたな課題を発見し，解決する能力を有する人材が育成されている。我が国でも，初等教育・中等教育においては統計的思考力を重視する方向にあるが，中高生，大学生，職業人の各レベルに応じた体系的な統計教育はいまだ十分であるとは言えない。しかし，最近では統計学に関連するデータサイエンス学部を新設する大学も現れ，その重要性は少しずつ認識されてきた。現状では，初等教育・中等教育での統計教育の指導方法が未成熟であり，能力の評価方法も個々の教員に委ねられている。今後，さらに進むことが期待されている日本の小・中・高等学校および大学での統計教育の充実とともに，統計教育の質保証をより確実なものとすることが重要である。

このような背景と問題意識の中，統計教育の質保証を確かなものとするために，日本統計学会は2011年より「統計検定」を実施している。現在，能力に応じた以下の「統計検定」を実施し，各能力の評価と認定を行っているが，着実に受験者が増加し，認知度もあがりつつある。

1級	実社会の様々な分野でのデータ解析を遂行する統計専門力
準1級	統計学の活用力 — データサイエンスの基礎
2級	大学基礎統計学の知識と問題解決力
3級	データの分析において重要な概念を身に付け，身近な問題に活かす力
4級	データや表・グラフ，確率に関する基本的な知識と具体的な文脈の中での活用力
統計調査士	統計に関する基本的知識と利活用
専門統計調査士	調査全般に関わる高度な専門的知識と利活用手法

（「統計検定」に関する最新情報は統計検定センターのウェブサイトで確認されたい）

「統計検定　公式問題集」の各書には，過去に実施した「統計検定」の実際の問題を掲載している。そのため，使用した資料やデータは検定を実施した時点のものである。また，問題の趣旨やその考え方を理解するために解答のみでなく解説を加えた。過去の問題を解くとともに，統計的思考力を確実なものとするために，あわせて是非とも解説を読んでいただきたい。ただし，統計的思考では数学上の問題の解とは異なり，正しい考え方が必ずしも一通りとは限らないので，解説として説明した解法とは別に，他の考え方もあり得ることに注意いただきたい。

「統計検定　公式問題集」の各書は，「統計検定」の受験を考えている方だけでなく，統計に関心ある方や統計学の知識をより正確にしたいという方にも読んでいただくことを望むが，統計を学ぶにはそれぞれの級や統計調査士，専門統計調査士に応じた他の書物を併せて読まれることを勧めたい。

最後に，「統計検定　公式問題集」の各書を有効に利用され，多くの受験者がそれぞれの「統計検定」に合格されることを期待するとともに，日本統計学会は今後も統計学の発展と統計教育への貢献に努める所存です。

一般社団法人　日本統計学会
会　長　川崎　茂
理事長　山下智志
（2020年２月１日現在）

日本統計学会公式認定

統計検定2級
公式問題集

CONTENTS

PART 1

統計検定
受験ガイド

「統計検定」ってどんな試験?
いつ行われるの?　試験会場は?　受験料は?
何が出題されるの?　学習方法は?
そうした疑問に答える、公式ガイドです。

受験するための基礎知識

●統計検定とは

「統計検定」とは，統計に関する知識や活用力を評価する全国統一試験です。

データに基づいて客観的に判断し，科学的に問題を解決する能力は，仕事や研究をするための21世紀型スキルとして国際社会で広く認められています。日本統計学会は，中高生・大学生・職業人を対象に，各レベルに応じて体系的に国際通用性のある統計活用能力評価システムを研究開発し，統計検定として資格認定します。

統計検定の試験制度は年によって変更されることもあるので，**統計検定のウェブサイト**（https://www.toukei-kentei.jp/）で最新の情報を確認してください。

●統計検定の種別

統計検定は2011年に発足し，現在は以下の種別が設けられています。

試験の種別	試験日	試験時間	受験料
統計検定１級	11月	90分（10：30～12：00）統計数理 90分（13：30～15：00）統計応用	各6,000円 両方の場合10,000円
統計検定準１級	６月	120分（13：30～15：30）	8,000円
統計検定２級	６月	90分（10：30～12：00）	5,000円
統計検定３級	６月	60分（13：30～14：30）	4,000円
統計検定４級	６月	60分（10：30～11：30）	3,000円
統計調査士	11月	60分（13：30～14：30）	5,000円
専門統計調査士	11月	90分（10：30～12：00）	10,000円

（2021年４月現在）

●受験資格

誰でもどの種別でも受験できます。

各試験種別では目標とする水準を定めていますが，年齢，所属，経験等に関して，受験上の制限はありません。

●併願

同一の試験日であっても，異なる試験時間帯の組合せであれば，複数の種別を受験することが認められます。

たとえば「4級と3級」「3級と2級」「2級と準1級」「統計調査士と専門統計調査士」などの併願が可能です。

●統計検定2級とは

「統計検定2級」は，統計関連学会連合において作成された，大学における「統計学分野の教育課程編成上の参照基準」に示されている大学基礎科目レベルの統計学の知識の習得度と活用のための理解度を問うために実施される検定です。

●試験の実施結果

検定の発足した2011年からの実施結果は以下のとおりです。

統計検定2級　実施結果

	申込者数	受験者数	合格者数	合格率
2019年11月	3,264	2,369	988	41.71%
2019年6月	2,710	1,938	883	45.56%
2018年11月	2,571	1,896	792	41.77%
2018年6月	2,087	1,532	669	43.67%
2017年11月	2,191	1,644	680	41.36%
2017年6月	1,969	1,440	669	46.46%
2016年11月	2,592	1,864	815	43.72%
2016年6月	2,419	1,690	759	44.91%
2015年11月	2,521	1,777	810	45.58%
2015年6月	2,069	1,443	640	44.35%
2014年11月	2,267	1,625	698	42.95%
2014年6月	1,514	1,082	518	47.87%
2013年11月	2,087	1,510	635	42.05%
2012年11月	1,079	840	319	37.98%
2011年11月	396	346	143	41.33%

統計検定2級の試験実施方法

※実施については，統計検定のウェブサイトで最新情報を確認するようにしてください。

●試験日程（2021年）

試験日　：6月20日（日）

●申込方法

個人申込の場合，Web申込，郵送申込の２つの申込方法があります（団体申込については省略します）。

①Web申込

統計検定のウェブサイトから受験申込サイトにアクセスし，必要情報を入力してください。

受験料の支払いは，クレジットカードによる決済とコンビニ決済のいずれかを選べます。

②郵送申込

統計検定のウェブサイトから「受験申込用紙（個人申込用）」をダウンロード・印刷し，必要事項を記入してください。

銀行振込または郵便振替にて受験料を入金し，支払証明書類（原本またはコピー）を申込用紙に貼り付けて，統計検定センターに郵送してください。締切日必着です。

●受験料　5,000円

●受験地（予定）

東京23区内，名古屋，福岡

※具体的な試験会場は，申込完了後に送られる受験票に記載されています。

●試験時間

10：30～12：00の90分間

※たとえば２級と３級（13：30～14：30）の併願も可能です。

●**試験の方法**

4～5肢選択問題（マークシート）35問程度。試験時間は90分

合格水準は100点満点で70点以上（難易度を考慮して調整されることがある）

次のようなマークシートに解答します。

統計検定

（B面）

正しいマーク例	悪いマーク例
●	✓ ◐ ◑

解答番号	解答欄 1	2	3	4	5	解答番号	解答欄 1	2	3	4	5	解答番号	解答欄 1	2	3	4	5
1	①	②	③	④	⑤	21	①	②	③	④	⑤	41	①	②	③	④	⑤
2	①	②	③	④	⑤	22	①	②	③	④	⑤	42	①	②	③	④	⑤
3	①	②	③	④	⑤	23	①	②	③	④	⑤	43	①	②	③	④	⑤
4	①	②	③	④	⑤	24	①	②	③	④	⑤	44	①	②	③	④	⑤
5	①	②	③	④	⑤	25	①	②	③	④	⑤	45	①	②	③	④	⑤
6	①	②	③	④	⑤	26	①	②	③	④	⑤	46	①	②	③	④	⑤
7	①	②	③	④	⑤	27	①	②	③	④	⑤	47	①	②	③	④	⑤
8	①	②	③	④	⑤	28	①	②	③	④	⑤	48	①	②	③	④	⑤
9	①	②	③	④	⑤	29	①	②	③	④	⑤	49	①	②	③	④	⑤
10	①	②	③	④	⑤	30	①	②	③	④	⑤	50	①	②	③	④	⑤
11	①	②	③	④	⑤	31	①	②	③	④	⑤	51	①	②	③	④	⑤
12	①	②	③	④	⑤	32	①	②	③	④	⑤	52	①	②	③	④	⑤
13	①	②	③	④	⑤	33	①	②	③	④	⑤	53	①	②	③	④	⑤
14	①	②	③	④	⑤	34	①	②	③	④	⑤	54	①	②	③	④	⑤
15	①	②	③	④	⑤	35	①	②	③	④	⑤	55	①	②	③	④	⑤
16	①	②	③	④	⑤	36	①	②	③	④	⑤	56	①	②	③	④	⑤
17	①	②	③	④	⑤	37	①	②	③	④	⑤	57	①	②	③	④	⑤
18	①	②	③	④	⑤	38	①	②	③	④	⑤	58	①	②	③	④	⑤
19	①	②	③	④	⑤	39	①	②	③	④	⑤	59	①	②	③	④	⑤
20	①	②	③	④	⑤	40	①	②	③	④	⑤	60	①	②	③	④	⑤

CBT方式試験

2級・3級・4級・統計調査士・専門統計調査士ではCBT（Computer Based Testing）方式の試験が行われています。全国230か所程度（順次追加の予定）の会場で，会場ごとに設定された試験日に受験することができます。

出題形式は4～5肢選択問題で，問題数は紙媒体の試験とほぼ同じです。試験問題はプールされている問題からコンピュータでランダムに出題されます。試験回，個人ごとに問題は異なることになります（したがって，試験内容について，秘密保持に同意していただくことになります）。

	2級	3級
試験時間	90分	60分
問題数	35問程度	30問程度
合格基準	100点満点で60点以上	100点満点で70点以上
受験料（一般／学割。税込）	7,000円／5,000円	6,000円／4,000円

その他の詳細は統計検定のウェブサイトを参照してください。

統計検定2級の出題範囲

●試験内容

大学基礎課程（1・2年次学部共通）で習得すべきことについて検定を行います。
①現状について問題を発見し，その解決のために収集したデータをもとに，
②仮説の構築と検証を行える統計力と，
③新知見獲得の契機を見出すという統計的問題解決力について試験します。
以下の出題範囲表を参照してください。
なお，統計検定2級では，解答に必要な統計数値表は問題冊子に掲載されます。

統計検定2級　出題範囲表

大項目	小項目	ねらい	項目（学習しておくべき用語）
データソース	身近な統計	歴史的な統計学の活用や，社会における統計の必要性の理解。データの取得の重要性も理解する。	（調べる場合の）データソース，公的統計など
データの分布	データの分布の記述	集められたデータから，基本的な情報を抽出する方法を理解する。	質的変数（カテゴリカル・データ），量的変数（離散型，連続型），棒グラフ，円グラフ，幹葉図，度数分布表・ヒストグラム，累積度数グラフ，分布の形状（右に裾が長い，左に裾が長い，対称，ベル型，一様，単峰，多峰）
1変数データ	中心傾向の指標	分布の中心を説明する方法を理解する。	平均値，中央値，最頻値（モード）
	散らばりなどの指標	分布の散らばりの大きさなどを評価する方法を理解する。	分散（n-1で割る），標準偏差，範囲（最小値，最大値），四分位範囲，箱ひげ図，ローレンツ曲線，ジニ係数，2つのグラフの視覚的比較，カイ二乗値（一様な頻度からのずれ），歪度，尖度
	中心と散らばりの活用	標準偏差の意味を知り，その活用方法を理解する。	偏差，標準化（z得点），変動係数，指数化
2変数以上のデータ	散布図と相関	散布図や相関係数を活用して，変数間の関係を探る方法を理解する。	散布図，相関係数，共分散，層別した散布図，相関行列，みかけの相関（擬相関），偏相関係数
	カテゴリカルデータ	質的変数の関連を探る方法を理解する。	度数表，2元クロス表
データの活用	単回帰と予測	回帰分析の基礎を理解する。	最小二乗法，変動の分解，決定係数，回帰係数，分散分析表，観測値と予測値，残差プロット，標準誤差，変数変換
	時系列データの処理	時系列データのグラフ化や分析方法を理解する。	成長率，指数化，幾何平均，系列相関・コレログラム，トレンド，平滑化（移動平均）
推測のためのデータ収集法	観察研究と実験研究	要因効果を測定する場合の，実験研究と観察研究の違いを理解する。	観察研究，実験研究，調査の設計，母集団，標本，全数調査，標本調査，ランダムネス，無作為抽出

推測のためのデータ収集法	標本調査と無作為抽出	標本調査の基本的概念を理解する。	標本サイズ（標本の大きさ），標本誤差，偏りの源，標本抽出法（系統抽出法，層化抽出法，クラスター抽出法，多段抽出法）
	実験	効果評価のための適切な実験の方法について理解する。	実験のデザイン（実験計画），フィッシャーの３原則
確率モデルの導入	確率	推測の基礎となる確率について理解する。	事象と確率，加法定理，条件付き確率，乗法定理，ベイズの定理
	確率変数	確率変数の表現と特徴（期待値・分散など）について理解する。	離散型確率変数，連続型確率変数，確率変数の期待値・分散・標準偏差，確率変数の和と差（同時分布，和の期待値・分散），２変数の共分散・相関
	確率分布	基礎的な確率分布の特徴を理解する。	ベルヌーイ試行，二項分布，ポアソン分布，幾何分布，一様分布，指数分布，正規分布，２変量正規分布，超幾何分布，負の二項分布
推測	標本分布	推測統計の基礎となる標本分布の概念を理解する。	独立試行，標本平均の期待値・分散，チェビシェフの不等式，大数の法則，中心極限定理，二項分布の正規近似，連続修正，母集団，母数（母平均，母分散）
		正規母集団に関する分布とその活用について理解する。	標準正規分布，標準正規分布表の利用，t分布，カイ二乗分布，F分布，分布表の活用，上側確率点（パーセント点）
	推定	点推定と区間推定の方法とその性質を理解する。	点推定，推定量と推定値，有限母集団，一致性，不偏性，信頼区間，信頼係数
		１つの母集団の母数の区間推定の方法を理解する。	正規母集団の母平均・母分散の区間推定，母比率の区間推定，相関係数の区間推定
		２つの母集団の母数の区間推定の方法を理解する。	正規母集団の母平均の差・母分散の比の区間推定，母比率の差の区間推定
	仮説検定	統計的検定の意味を知り，具体的な利用方法を理解する。	仮説検定の理論，p値，帰無仮説(H_0)と対立仮説(H_1)，両側検定と片側検定，第１種の過誤と第２種の過誤，検出力
		１つの母集団の母数に関する仮説検定の方法について理解する。	母平均の検定，母分散の検定，母比率の検定
		２つの母集団の母数に関する仮説検定の方法について理解する。	母平均の差の検定(分散既知，分散未知であるが等分散，分散未知で等しいとは限らない場合)，母分散の比の検定，母比率の差の検定
		適合度検定と独立性の検定について理解する。	適合度検定，独立性の検定
線形モデル	回帰分析	重回帰分析を含む回帰モデルについて理解する。	回帰直線の傾きの推定と検定，重回帰モデル，偏回帰係数，回帰係数の検定，多重共線性，ダミー変数を用いた回帰，自由度調整（修正）済み決定係数
	実験計画の概念の理解	実験研究による要因効果の測定方法を理解する。	実験，処理群と対照群，反復，ブロック化，一元配置実験，３群以上の平均値の差（分散分析），F比
活用	統計ソフトウェアの活用	統計ソフトウェアを利用できるようになり，統計分析を実施できるようになる。	計算出力を活用できるか，問題解決に活用できるか

試験当日および試験終了後

●試験当日に持参するもの

・受験票（受験者本人の写真を貼付したもの）
・筆記用具（HBまたはBの鉛筆・シャープペンシル，消しゴム）
・時計
・電卓

＜持ち込み可の電卓＞四則演算（＋－×÷）や百分率（%），平方根（$\sqrt{\ }$）の計算ができる一般電卓または事務用電卓

＜持ち込み不可の電卓＞上記の電卓を超える計算機能を持つ関数電卓やプログラム電卓，電卓機能を持つ携帯端末

＊試験会場では筆記用具・電卓の貸出しは行いません。
＊携帯電話などを電卓として使用することはできません。

●試験終了後

試験日の約1ヶ月後に統計検定センターのウェブサイトに合格者の受験番号を掲載します（試験当日にWeb合格発表のご希望の有無を確認します）。

試験日の1～2ヶ月後に，すべての受験者に「試験結果通知書」を，合格者には「合格証」を，受験票に記載された住所宛に発送します（個人申込の場合）。

統計検定の標準テキスト

日本統計学会では，統計検定１～４級にそれぞれ対応した標準テキストを刊行しています。学習に役立ててください。

●１級対応テキスト

日本統計学会公式認定　統計検定１級対応

統計学

日本統計学会 編
定価：本体3,200円＋税
東京図書

●２級対応テキスト

改訂版　日本統計学会公式認定　統計検定２級対応

統計学基礎

日本統計学会 編
定価：本体2,200円＋税
東京図書

●３級対応テキスト

改訂版　日本統計学会公式認定　統計検定３級対応

データの分析

日本統計学会 編
定価：本体2,200円＋税
東京図書

●４級対応テキスト

改訂版　日本統計学会公式認定　統計検定４級対応

データの活用

日本統計学会 編
定価：本体2,200円＋税
東京図書

PART 2

2級
2019年11月
問題／解説

2019年11月に実施された
統計検定2級で実際に出題された問題文を掲載します。
問題の趣旨やその考え方を理解できるように，
正解番号だけでなく解説を加えました。

※実際の試験では統計数値表が問題文の末尾にあります。本書では巻末に「付表」として掲載しています。

問 1　次の図は，2018 年 12 月 1 日 ～ 12 月 31 日の，東京・名古屋・大阪・広島・福岡（以下,「5 都市」とする）の平均気温（日ごとの値，単位：℃）の箱ひげ図である。

なお，これらの箱ひげ図では，“「第 1 四分位数」−「四分位範囲」× 1.5” 以上の値をとるデータの最小値，および “「第 3 四分位数」+「四分位範囲」× 1.5” 以下の値をとるデータの最大値までひげを引き，これらよりも外側の値を外れ値として○で示している。

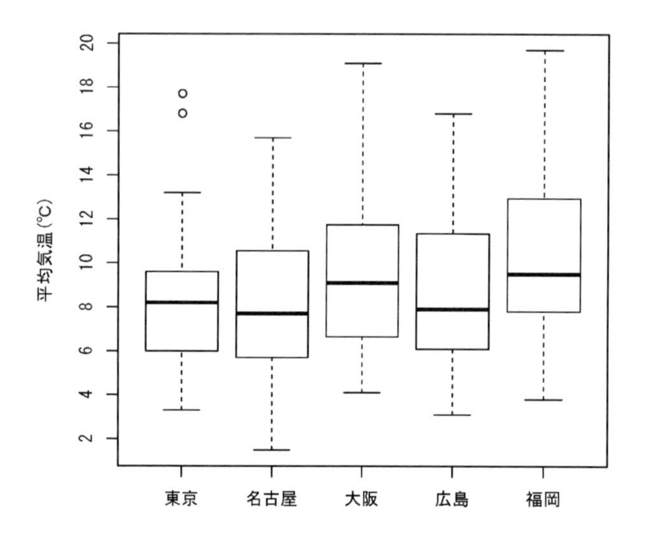

資料：気象庁「気象観測データ」

〔1〕次の表は，5 都市の平均気温の度数分布表である。ここで，(A) ～ (E) は，それぞれ東京・名古屋・大阪・広島・福岡のいずれかを表している。

階級	度数				
	(A)	(B)	(C)	(D)	(E)
0 ℃以上 2 ℃未満	0	0	0	0	1
2 ℃以上 4 ℃未満	1	3	1	0	3
4 ℃以上 6 ℃未満	7	5	3	6	5
6 ℃以上 8 ℃未満	7	9	5	6	8
8 ℃以上10 ℃未満	9	5	9	7	5
10 ℃以上12 ℃未満	2	2	3	4	5
12 ℃以上14 ℃未満	3	5	4	5	2
14 ℃以上16 ℃未満	0	1	4	2	2
16 ℃以上18 ℃未満	2	1	0	0	0
18 ℃以上20 ℃未満	0	0	2	1	0

東京の度数として，次の ① ～ ⑤ のうちから適切なものを一つ選べ。 **1**

① (A)　② (B)　③ (C)　④ (D)　⑤ (E)

〔2〕5 都市の平均気温の箱ひげ図から読み取れることとして，次の ① ～ ⑤ のうちから最も適切なものを一つ選べ。 **2**

① 平均気温の範囲が最も大きい都市は広島である。

② 平均気温の四分位範囲が最も小さい都市は名古屋である。

③ 平均気温の第 1 四分位数が最も大きい都市は福岡である。

④ 平均気温の中央値が最も小さい都市は大阪である。

⑤ 平均気温の最大値が最も小さい都市は東京である。

問 2　次の 2 つの図は，1990 年および 2015 年のそれぞれにおける，47 都道府県の男性と女性の 50 歳時未婚率（50 歳時における未婚の割合，単位：%）の散布図である。

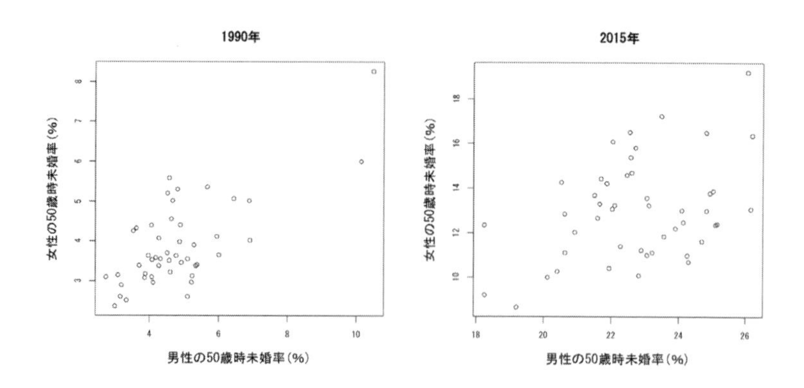

資料：国立社会保障・人口問題研究所「人口統計資料集」

〔1〕散布図からわかることとして，次の ① ～ ⑤ のうちから最も適切なものを一つ選べ。 **3**

① 1990 年において，女性の 50 歳時未婚率が 8 %を超えている都道府県は 2 つある。

② 1990 年の男性の 50 歳時未婚率は，すべての都道府県において 10 %未満である。

③ 一部の都道府県では，2015 年における男性の 50 歳時未婚率が 1990 年よりも低い。

④ 2015 年において，すべての都道府県で女性の 50 歳時未婚率は男性の 50 歳時未婚率よりも低い。

⑤ 2015 年において，女性の 50 歳時未婚率が最も低い都道府県は，男性の 50 歳時未婚率も最も低い。

〔2〕1990 年における男性と女性の 50 歳時未婚率の相関係数を r_{1990} とし，2015 年における両者の 50 歳時未婚率の相関係数を r_{2015} とする。r_{1990} と r_{2015} の値の組合せとして，次の ① ～ ⑤ のうちから最も適切なものを一つ選べ。 **4**

① r_{1990}：0.38　r_{2015}：0.22

② r_{1990}：0.38　r_{2015}：0.40

③ r_{1990}：0.38　r_{2015}：0.74

④ r_{1990}：0.71　r_{2015}：0.40

⑤ r_{1990}：0.71　r_{2015}：0.74

〔3〕2015 年における女性の 50 歳時未婚率のヒストグラムとして，次の ① ～ ⑤ のうちから最も適切なものを一つ選べ。 **5**

①

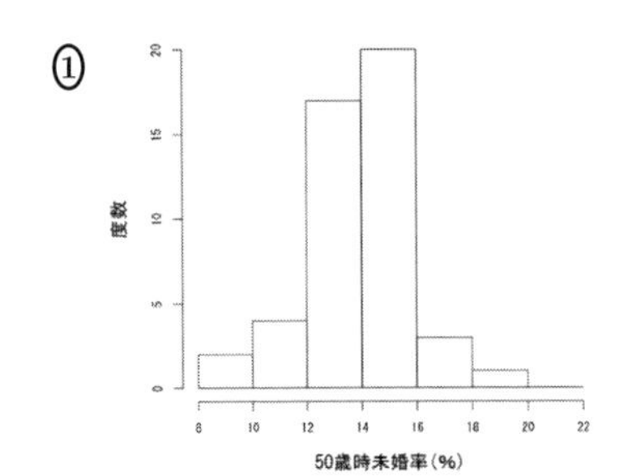

②

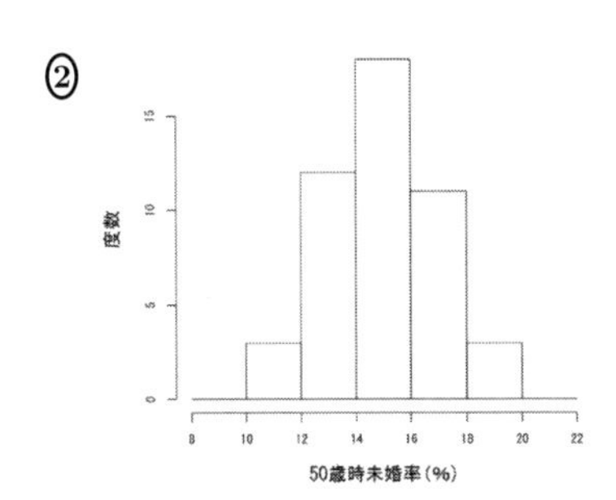

③

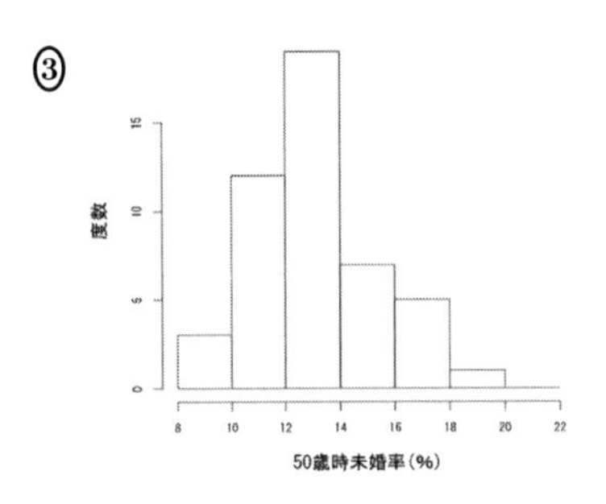

④

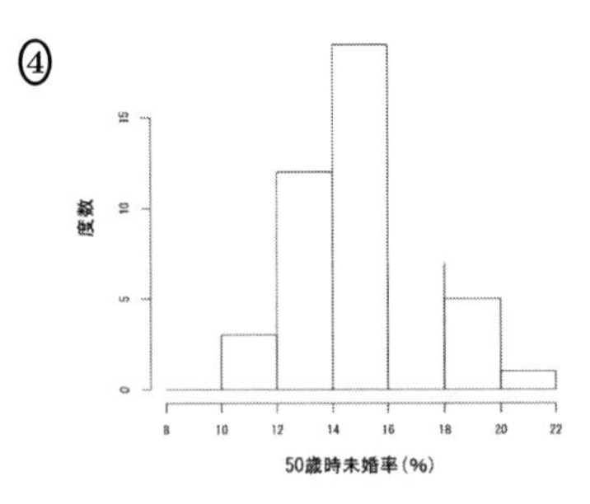

⑤

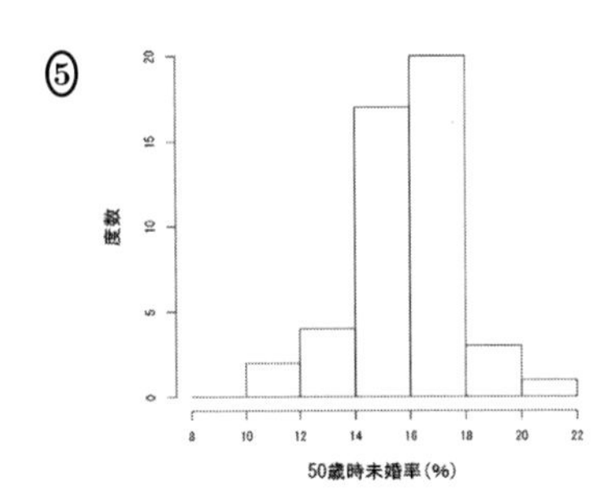

問 3　次の表は，長野県の事業所規模 30 人以上の製造業の事業所の賃金指数（きまって支給する給与，平成 27 年の平均値を 100 としたもの）である。

年月	賃金指数
平成 30 年　1 月	102.6
平成 30 年　2 月	103.9
平成 30 年　3 月	104.2
平成 30 年　4 月	105.6
平成 30 年　5 月	103.2
平成 30 年　6 月	106.1
平成 30 年　7 月	105.9
平成 30 年　8 月	104.7
平成 30 年　9 月	104.3
平成 30 年 10 月	105.6
平成 30 年 11 月	104.1
平成 30 年 12 月	104.1

資料：厚生労働省「毎月勤労統計調査」

〔1〕平成 31 年 1 月の賃金指数の平成 30 年 1 月からの変化率は −0.97 %であった。平成 31 年 1 月の賃金指数の平成 30 年 12 月からの変化率（%）の計算式として，次の ① ～ ⑤ のうちから適切なものを一つ選べ。 **6**

① $100\left\{\frac{102.6\times(1-0.0097)}{104.1}-1\right\}$　② $100\left\{\frac{102.6}{104.1\times(1-0.0097)}-1\right\}$

③ $100\left\{\frac{104.1\times(1-0.0097)}{102.6}-1\right\}$　④ $100\left\{\frac{104.1}{102.6}-0.0097\right\}$

⑤ $100\left\{\frac{102.6}{104.1}-0.0097\right\}$

〔2〕平成 30 年 1 月から同年 4 月までの間の 1 か月あたりの平均変化率 r（%）は，次の【条件】を満たすようにして計算される。

【条件】
平成 30 年 1 月の賃金指数は 102.6 である。平成 30 年 2 月から同年 4 月にかけて，前月からの変化率が常に r であれば，平成 30 年 4 月の賃金指数は 105.6 となる。

平均変化率 r の計算式として，次の ①～⑤ のうちから適切なものを一つ選べ。

7

① $100\left\{\dfrac{102.6+103.9+104.2+105.6}{4}\right\}$

② $100\left\{\dfrac{105.6-102.6}{102.6}\right\}$

③ $100\left\{\dfrac{1}{3}\left(\dfrac{103.9-102.6}{102.6}+\dfrac{104.2-103.9}{103.9}+\dfrac{105.6-104.2}{104.2}\right)\right\}$

④ $100\left\{\left(\dfrac{105.6}{102.6}\right)^{1/3}-1\right\}$

⑤ $100\left\{\left(\dfrac{103.9-102.6}{102.6}\times\dfrac{104.2-103.9}{103.9}\times\dfrac{105.6-104.2}{104.2}\right)^{1/3}\right\}$

問 4　次の記述 I ～ III は，時系列データの変動に関するものである。

I. 傾向変動とは長期に渡る動きであり，常に直線で表される。
II. 季節変動とは周期 1 年で循環する変動のことである。
III. 不規則変動には，予測が困難な偶然変動は含まれない。

記述 I ～ III に関して，次の ①～⑤ のうちから最も適切なものを一つ選べ。

8

① I のみ正しい。
② II のみ正しい。
③ III のみ正しい。
④ I と II のみ正しい。
⑤ I と II と III はすべて誤り。

問 5　次の図は，2012 年 1 月から 2018 年 12 月までの月別製品ガス販売量 (単位：100 万メガジュール) の系列である。

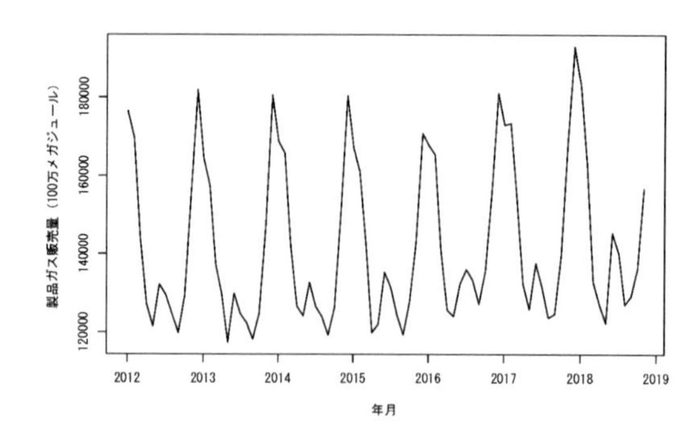

資料：経済産業省資源エネルギー庁「ガス事業生産動態統計調査」

製品ガス販売量のコレログラムとして，次の ①～⑤ のうちから最も適切なものを一つ選べ。ただし，図中の点線は，時系列が無相関であるという帰無仮説のもとでの有意水準 5 %の棄却限界値を表す。 **9**

①
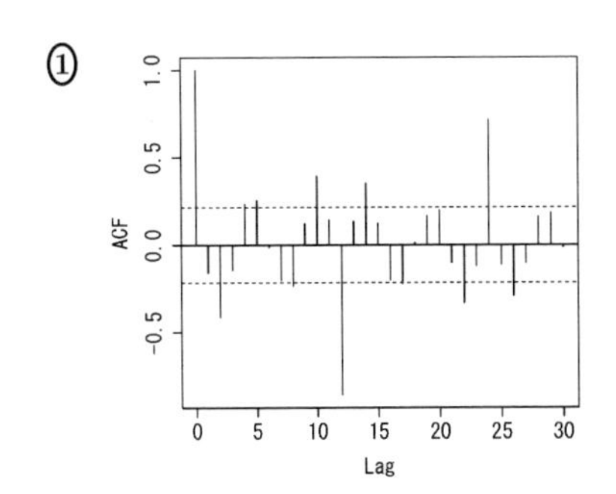

②
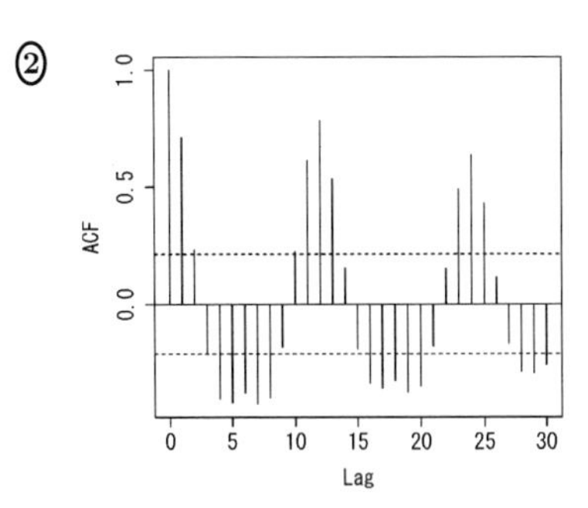

③
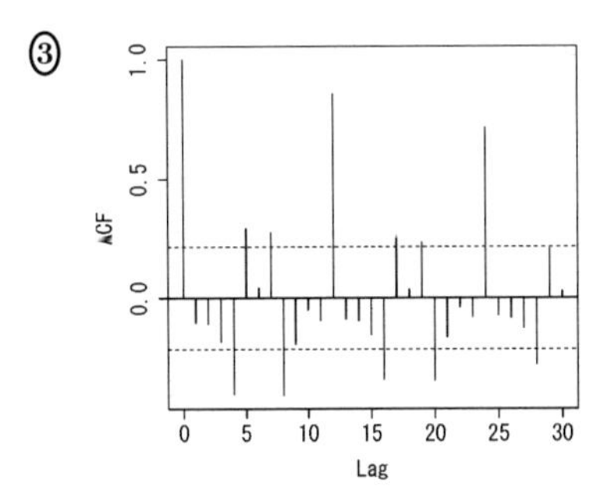

④
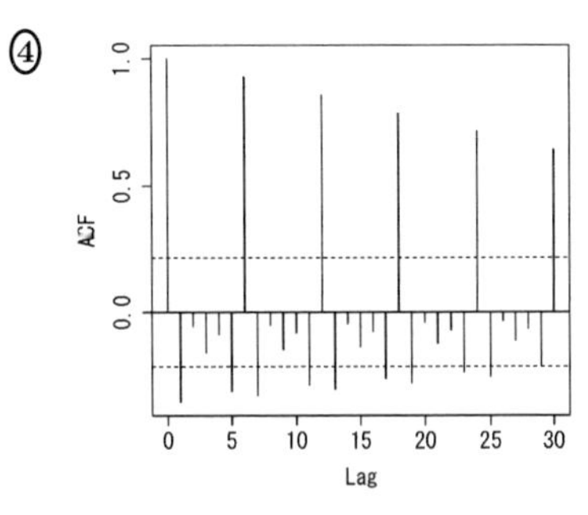

⑤
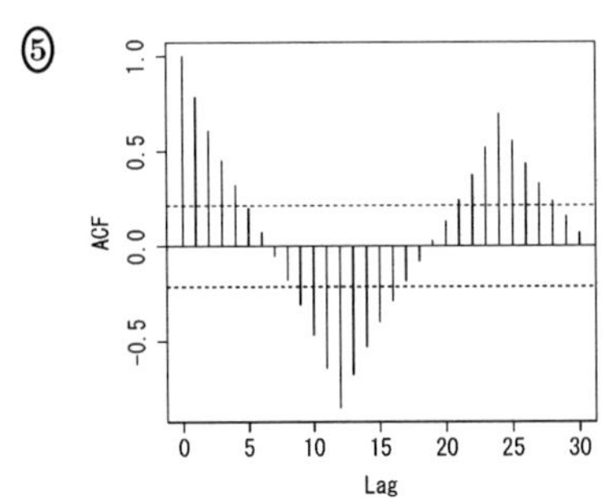

問 6　さらなる満足度向上のため，A 航空では，ある日の搭乗客の一部に対して，運航は時間通りだったか，揺れは少なかったか，客室乗務員に不満はなかったか等を調査することにした。調査の方法として，A 航空では次の I 〜 III の調査の方法を考えた。

> I. 当日のすべての搭乗客の名簿を作成し，無作為に 200 人に調査の電子メールを送付する。
>
> II. 午前に出発する便のグループと午後に出発する便のグループのそれぞれから無作為に 100 人の搭乗客を選び，チェックイン時に調査用紙を渡す。
>
> III. 当日の便の中から 2 便を無作為に選び，それらの便の搭乗客全員に降機時に調査用紙を渡す。

I 〜 III の調査法の組合せとして，次の ① 〜 ⑤ のうちから適切なものを一つ選べ。 **10**

①	I：系統抽出法	II：集落抽出法	III：二段抽出法
②	I：系統抽出法	II：層化抽出法	III：集落抽出法
③	I：単純無作為抽出法	II：系統抽出法	III：二段抽出法
④	I：単純無作為抽出法	II：層化抽出法	III：集落抽出法
⑤	I：層化抽出法	II：集落抽出法	III：全数調査

問 7　母平均 μ，母分散 σ^2 をもつ母集団から，大きさ $n = 100$ の標本を単純無作為抽出し，標本平均 $\bar{x} = 40.0$ および不偏分散 $\hat{\sigma}^2 = 16.0$ を得たとする。このとき，標本平均の標準誤差はいくらか。次の ① 〜 ⑤ のうちから最も適切なものを一つ選べ。 **11**

① 0.04　　② 0.16　　③ 0.40　　④ 1.60　　⑤ 4.00

問8　ある検定試験の対策講座が開講され，その対策講座を受講すれば 70 %の確率で検定試験に合格し，受講しなければ 30 %の確率で合格するものとする。検定試験の受験者が対策講座を受講する確率は 20 %であるとする。

〔1〕検定試験を受験した人から無作為に 1 人選んだとき，その人が対策講座を受講した合格者である確率はいくらか。次の ① ～ ⑤ のうちから最も適切なものを一つ選べ。 **12**

① 0.14　② 0.20　③ 0.24　④ 0.30　⑤ 0.70

〔2〕検定試験を受験した人から無作為に 1 人選んだとき，その人が合格者であることが判明した。このとき，その人が対策講座の受講生である確率はいくらか。次の ① ～ ⑤ のうちから最も適切なものを一つ選べ。 **13**

① 0.02　② 0.15　③ 0.37　④ 0.48　⑤ 0.59

問9　ある町内において，1 か月の 1 人暮らしの水道使用量 (単位：m^3) は連続型確率変数 X で表され，その確率密度関数 $f(x)$ は次のように与えられているとする。

$$f(x) = \begin{cases} a\left(1 - \dfrac{x}{20}\right) & (0 \leq x \leq 20) \\ 0 & (x < 0 \text{ または } x > 20) \end{cases}$$

ただし，a は正の定数である。

一方，水道使用料金は $0 \leq x < 10$ の水道使用量に対しては 1000 円，$10 \leq x < 15$ の水道使用量に対しては 1120 円，$x \geq 15$ の水道使用量に対しては 1280 円とする。

〔1〕定数 a の値として，次の ① ～ ⑤ のうちから適切なものを一つ選べ。 **14**

① 1　② $\dfrac{1}{2}$　③ $\dfrac{1}{5}$　④ $\dfrac{1}{10}$　⑤ $\dfrac{1}{20}$

〔2〕1 か月の水道使用量の期待値はいくらか。次の ① ～ ⑤ のうちから適切なものを一つ選べ。 **15**

① $\dfrac{200}{3}$　② $\dfrac{100}{3}$　③ $\dfrac{40}{3}$　④ $\dfrac{20}{3}$　⑤ $\dfrac{10}{3}$

〔3〕1 か月の水道使用料金の期待値はいくらか。次の ① ～ ⑤ のうちから適切なものを一つ選べ。 **16**

① 520　② 1040　③ 1250　④ 1820　⑤ 2520

問 10 正値確率変数 Z の分布関数 F_Z は，連続かつ任意の $0 < x < y$ に対して $F_Z(x) < F_Z(y)$ を満たすとし，$F_Z(5) = 0.91$，$F_Z(50) = 0.95$，$F_Z(100) = 0.96$ とする。また，確率変数 X を

$$X = \begin{cases} Z & (Z \leq 100) \\ 0 & (Z > 100) \end{cases}$$

で定め，X の分布関数を F_X とする。

〔1〕$0 \leq x < 100$ なる実数 x に対する F_X として，次の ①～⑤ のうちから適切なものを一つ選べ。 **17**

① $F_X(x) = F_Z(x)$
② $F_X(x) = F_Z(x) + 0.01$
③ $F_X(x) = F_Z(x) + 0.04$
④ $F_X(x) = F_Z(x) + 0.05$
⑤ $F_X(x) = F_Z(x) - 0.96$

〔2〕確率変数 X の下側 95 %点はいくらか。次の ①～⑤ のうちから最も適切なものを一つ選べ。 **18**

① 0　② 5　③ 50　④ 100　⑤ ∞

〔3〕確率変数 X の期待値の表現として，次の ①～⑤ のうちから適切なものを一つ選べ。ただし，確率変数 Z の確率密度関数を f_Z とする。 **19**

① $\displaystyle\int_0^{100} zF_Z(z)\,dz$
② $\displaystyle\int_0^{100} zf_Z(z)\,dz$
③ $\displaystyle\int_0^{100} F_Z(z)\,dz$
④ $\displaystyle 96 - \int_0^{100} zf_Z(z)\,dz$
⑤ $\displaystyle 96 - \int_0^{100} zF_Z(z)\,dz$

問 11　次の記述 I 〜 III は，歪度についての説明である。

I. 分布の平均が正であるとき，歪度は正の値をとる。
II. 右に裾が長い分布のとき，歪度は負の値をとる。
III. 分布が多峰（峰の数が 2 個以上）であるとき，歪度は 0 となる。

記述 I 〜 III に関して，次の ① 〜 ⑤ のうちから最も適切なものを一つ選べ。
20

① I のみ正しい。
② II のみ正しい。
③ I と III のみ正しい。
④ II と III のみ正しい。
⑤ I と II と III はすべて誤り。

問 12　確率変数 $X_1, \ldots, X_n$ が互いに独立に平均 μ，分散 σ^2 の正規分布に従うとする。μ の推定量として，X_1 と X_n の平均 $\hat{\mu}_1$ と，$X_2, \ldots, X_{n-1}$ の平均 $\hat{\mu}_2$ を考える。つまり，

$$\hat{\mu}_1 = \frac{1}{2}(X_1 + X_n), \qquad \hat{\mu}_2 = \frac{1}{n-2}\sum_{i=2}^{n-1} X_i$$

とする。次の記述 I 〜 IV は，これらの推定量に関するものである。

I. $\hat{\mu}_1$ は μ の不偏推定量である。
II. $\hat{\mu}_1$ は μ の一致推定量である。
III. $\hat{\mu}_2$ は μ の不偏推定量である。
IV. $\hat{\mu}_2$ は μ の一致推定量である。

記述 I 〜 IV に関して，次の ① 〜 ⑤ のうちから最も適切なものを一つ選べ。
21

① I と II のみ正しい。
② I と III のみ正しい。
③ III と IV のみ正しい。
④ I と II と III のみ正しい。
⑤ I と III と IV のみ正しい。

問 13　ある選挙において，100 人の投票者に出口調査を行ったところ，A 候補に投票した人は 54 人であった。出口調査は単純無作為抽出に基づくとし，二項分布は近似的に正規分布に従うとする。A 候補の得票率の 95%信頼区間として，次の ①～⑤ のうちから最も適切なものを一つ選べ。 **22**

① 0.54 ± 0.005　② 0.54 ± 0.008　③ 0.54 ± 0.049
④ 0.54 ± 0.082　⑤ 0.54 ± 0.098

問 14　次の表は，日本全国のすべての世帯から無作為抽出された約 2.5 万世帯の年間所得金額に関する相対度数分布表である。

階級	相対度数（%）
100 万円未満	6.2
100 万円以上 200 万円未満	13.4
200 万円以上 300 万円未満	13.7
300 万円以上 400 万円未満	13.2
400 万円以上 500 万円未満	10.4
500 万円以上 600 万円未満	8.8
600 万円以上 700 万円未満	7.7
700 万円以上 800 万円未満	6.3
800 万円以上 900 万円未満	4.9
900 万円以上 1000 万円未満	3.7
1000 万円以上 1100 万円未満	2.7
1100 万円以上 1200 万円未満	2.0
1200 万円以上 1300 万円未満	1.6
1300 万円以上 1400 万円未満	1.3
1400 万円以上 1500 万円未満	0.8
1500 万円以上 1600 万円未満	0.6
1600 万円以上 1700 万円未満	0.5
1700 万円以上 1800 万円未満	0.4
1800 万円以上 1900 万円未満	0.3
1900 万円以上 2000 万円未満	0.2
2000 万円以上	1.3

資料：厚生労働省「2016 年国民生活基礎調査」

〔1〕全世帯の所得に対して，その中央値の半分に満たない所得の世帯の割合はいくらか。次の ①～⑤ のうちから最も適切なものを一つ選べ。 **23**

① 6.2 %以下　② 6.2 %以上 19.6 %以下
③ 19.6 %以上 33.3 %以下　④ 33.3 %以上 46.5 %以下
⑤ この表の情報だけでは計算できない

〔2〕この相対度数分布表から考察すると，母集団（すなわち日本全国のすべての世帯）の年間所得金額分布は正規分布ではないと考えられる。非正規母集団から無作為抽出した大きさ n の標本の標本平均を $\bar{X}$，不偏分散を S^2 とすると，母平均 μ の信頼区間はどのように作ればよいか。統計量 Z を $Z = \dfrac{\bar{X} - \mu}{\sqrt{S^2/n}}$ として，次の ① ～ ⑤ のうちから最も適切なものを一つ選べ。 **24**

① Z の分布は母集団の分布および標本の大きさ n にかかわらず自由度 1 の χ^2 分布に従うため，χ^2 分布のパーセント点を用いて信頼区間を作成するのが妥当である。

② Z の分布は母集団の分布にかかわらず自由度 $n-1$ の t 分布に従うため，t 分布のパーセント点を用いて信頼区間を作成するのが妥当である。

③ Z の分布は標本の大きさ n が十分大きいときには標準正規分布で近似できるため，標準正規分布のパーセント点を用いて信頼区間を作成するのが妥当である。

④ Z の分布は母集団の分布および標本の大きさ n にかかわらず標準正規分布に従うため，標準正規分布のパーセント点を用いて信頼区間を作成するのが妥当である。

⑤ Z の分布は標本の大きさ n が十分小さいときには二項分布で近似できるため，二項分布のパーセント点を用いて信頼区間を作成するのが妥当である。

問 15　10 万人以上の有権者がいる都市がある。有権者を対象とする単純無作為抽出による標本調査で，ある政策の支持率を区間推定したい。信頼係数 95 %の信頼区間の幅が 6 %以下となるようにするには，少なくとも何人以上の有権者を調査すればよいか。ただし，調査された人は必ず支持または不支持のいずれかを回答するものとし，二項分布は近似的に正規分布に従うとする。

〔1〕政策の支持率について事前の情報が全くないときは，少なくとも何人以上の有権者を調査すればよいか。次の ① ～ ⑤ のうちから最も適切なものを一つ選べ。

25

① 400　　② 700　　③ 900　　④ 1100　　⑤ 1600

〔2〕これまでの調査から政策の支持率がおよそ 80 %であることがわかっているときは，少なくとも何人以上の有権者を調査すればよいか。次の ① ～ ⑤ のうちから最も適切なものを一つ選べ。 **26**

① 300　　② 700　　③ 1000　　④ 1200　　⑤ 1600

問 16　母平均 μ，母分散 σ^2 の正規分布を母集団分布とする母集団から大きさ 16 の無作為標本 $X_1, \ldots, X_{16}$ を抽出する。ここで

$$\bar{X} = \frac{1}{16}\sum_{i=1}^{16} X_i, \qquad S^2 = \frac{1}{15}\sum_{i=1}^{16}(X_i - \bar{X})^2$$

とおくとき，統計量

$$T = \frac{\bar{X} - \mu}{\sqrt{S^2/16}}$$

は自由度（ア）の（イ）分布に従う。ここでは，統計量 T を用いて仮説検定を行うことを考える。

今，あるダイエット食品 A の摂取後に体重が減少するかどうかを検証するために，ある母集団から無作為に抽出した 40 代男性 16 人に対して 1 か月間この食品 A を毎日摂取してもらった。次の表は，摂取する前の体重 (列のラベルが "前") と摂取して 1 か月経った後の体重 (列のラベルが "後") のデータ（単位：kg）である。また "前 − 後"のラベルにおけるデータは，それぞれの行に対して "前"に対応する体重から "後"の体重を引いた値である。

ID	前	後	前 − 後
1	66.3	63.4	2.9
2	59.1	57.9	1.2
3	62.7	65.4	−2.7
4	71.1	70.0	1.1
5	62.3	63.1	−0.8
6	74.3	73.8	0.5
7	66.8	64.9	1.9
8	74.0	75.0	−1.0
9	70.1	68.7	1.4
10	66.1	63.4	2.7
11	73.7	73.7	0.0
12	68.9	69.1	−0.2
13	64.8	63.0	1.8
14	62.4	62.0	0.4
15	49.4	49.6	−0.2
16	56.6	57.7	−1.1
標本平均（$\bar{X}$）	65.5	65.0	0.5
標準偏差（S）	6.8	6.7	1.5

〔1〕文中の（ア），（イ）の組合せとして，次の①～⑤から適切なものを一つ選べ。 **27**

① （ア） 17　（イ） t
② （ア） 16　（イ） カイ二乗
③ （ア） 16　（イ） t
④ （ア） 15　（イ） カイ二乗
⑤ （ア） 15　（イ） t

〔2〕食品Aの摂取後に体重が減少するかどうかを検証するために，有意水準5％の仮説検定を行う。このとき，帰無仮説と対立仮説の設定として，次の①～⑤から適切なものを一つ選べ。ただし，“前 − 後”のデータに対応する母集団の母平均を μ とする。 **28**

① 帰無仮説を $H_0 : \mu < 0$，対立仮説を $H_1 : \mu = 0$ とする。
② 帰無仮説を $H_0 : \mu > 0$，対立仮説を $H_1 : \mu = 0$ とする。
③ 帰無仮説を $H_0 : \mu < 0$，対立仮説を $H_1 : \mu > 0$ とする。
④ 帰無仮説を $H_0 : \mu = 0$，対立仮説を $H_1 : \mu > 0$ とする。
⑤ 帰無仮説を $H_0 : \mu = 0$，対立仮説を $H_1 : \mu < 0$ とする。

〔3〕食品Aの摂取後に体重が減少するかどうかを検証するために，設問〔2〕の適切な仮説の下で，有意水準5％の仮説検定を行う。このときの結果およびその解釈として，次の①～⑤のうちから最も適切なものを一つ選べ。ただし，“前 − 後”のデータに対応する母集団分布は正規分布 $N(\mu, \sigma^2)$ とし，μ, σ^2 はともに未知の母数とする。また t は，統計量 T において $\mu = 0$ としたものの実現値とする。 **29**

① $|t| > 2.131$ となるため，帰無仮説は棄却される。よって，食品Aの摂取後に体重が減少する傾向にあると判断する。
② $t < 1.746$ となるため，帰無仮説は棄却される。よって，食品Aの摂取前後で体重変化はないと判断する。
③ $|t| < 2.131$ となるため，帰無仮説は棄却されない。よって，食品Aの摂取後に体重が減少するとは判断できない。
④ $t < 1.753$ となるため，帰無仮説は棄却されない。よって，食品Aの摂取前後で体重変化はないと判断する。
⑤ $t < 1.753$ となるため，帰無仮説は棄却されない。よって，食品Aの摂取後に体重が減少するとは判断できない。

問 17 次の表は，JFA（日本フランチャイズチェーン協会）正会員のコンビニエンスストア全店の月別の売上高（単位：億円）を 2008 年から 2018 年までの 11 年間集計したものである。月ごとの売上高に差があるといえるかどうかを考察したい。

月＼年	2008	2009	2010	2011	2012	2013	2014	2015	2016	2017	2018
1 月	575	630	613	652	690	718	755	788	815	837	837
2 月	556	583	571	616	676	670	710	733	779	781	795
3 月	622	663	645	700	735	772	830	844	865	886	914
4 月	605	645	636	652	723	742	754	818	848	869	891
5 月	649	669	662	708	754	786	815	869	886	911	915
6 月	649	655	661	730	745	786	806	844	872	890	915
7 月	746	708	727	808	818	856	884	932	963	984	1000
8 月	734	713	733	799	826	859	877	926	951	960	985
9 月	674	655	753	737	760	787	812	851	874	890	938
10 月	687	668	643	749	767	801	830	878	902	905	916
11 月	658	634	654	723	737	779	801	829	843	860	891
12 月	702	681	719	771	796	833	862	894	908	926	969

資料：一般社団法人日本フランチャイズチェーン協会

このデータを用いて月を変動要因とする一元配置分散分析を行った結果，次の表を得た。ただし，それぞれの月で売上高の平均は一定であり，誤差は独立かつ同一の分布に従うと仮定する。

変動要因	平方和	自由度	F-値
水準間	317441	(ア)	3.0471
残差	1136491	(イ)	

〔1〕 j 年 i 月の売上高を y_{ij} $(i = 1, \ldots, 12, j = 2008, \ldots, 2018)$ とし，月ごとの平均を $\overline{y}_{i\cdot}$，年ごとの平均を $\overline{y}_{\cdot j}$，全体の平均を $\overline{y}_{\cdot\cdot}$ とする。水準間平方和（S_A）と残差平方和（S_e）の式の組合せとして正しいものはどれか。次の ① ～ ⑤ のうちから適切なものを一つ選べ。 **30**

① $S_A = \sum_{i=1}^{12} 11\left(\overline{y}_{i\cdot} - \overline{y}_{\cdot\cdot}\right)^2, \quad S_e = \sum_{i=1}^{12}\sum_{j=2008}^{2018}\left(y_{ij} - \overline{y}_{i\cdot}\right)^2$

② $S_A = \sum_{i=1}^{12} 11\left(\overline{y}_{i\cdot} - \overline{y}_{\cdot\cdot}\right)^2, \quad S_e = \sum_{i=1}^{12}\sum_{j=2008}^{2018}\left(y_{ij} - \overline{y}_{\cdot\cdot}\right)^2$

③ $S_A = \sum_{j=2008}^{2018} 12\left(\overline{y}_{\cdot j} - \overline{y}_{\cdot\cdot}\right)^2, \quad S_e = \sum_{i=1}^{12}\sum_{j=2008}^{2018}\left(y_{ij} - \overline{y}_{i\cdot}\right)^2$

④ $S_A = \sum_{j=2008}^{2018} 12\left(\overline{y}_{\cdot j} - \overline{y}_{\cdot\cdot}\right)^2$, $S_e = \sum_{i=1}^{12}\sum_{j=2008}^{2018} (y_{ij} - \overline{y}_{\cdot\cdot})^2$

⑤ $S_A = \sum_{j=2008}^{2018} 12\left(\overline{y}_{\cdot j} - \overline{y}_{\cdot\cdot}\right)^2$, $S_e = \sum_{i=1}^{12}\sum_{j=2008}^{2018} \left(y_{ij} - \overline{y}_{\cdot j}\right)^2$

〔2〕表の（ア），（イ）の組合せとして，次の ①～⑤ のうちから適切なものを一つ選べ。 **31**

① （ア） 10　（イ） 11
② （ア） 10　（イ） 122
③ （ア） 11　（イ） 120
④ （ア） 11　（イ） 121
⑤ （ア） 12　（イ） 120

〔3〕月ごとの売上高の母平均を μ_i $(i = 1, \ldots, 12)$ とする。次の記述Ⅰ～Ⅲは，この一元配置分散分析の結果に関するものである。

Ⅰ. 帰無仮説を H_0：μ_i はすべて等しい，対立仮説を H_1：μ_i のすべてが異なる，として有意水準5％で検定を行うと，帰無仮説は棄却される。

Ⅱ. 帰無仮説を H_0：μ_i はすべて等しい，対立仮説を H_1：μ_i のうち少なくとも1つが異なる，として有意水準5％で検定を行うと，月ごとの売上高に差があるとは判断できない。

Ⅲ. 帰無仮説を H_0：μ_i はすべて等しい，対立仮説を H_1：μ_i のうち少なくとも1つが異なる，として検定を行うと，P-値は2.5％より小さい。

記述Ⅰ～Ⅲに関して，次の ①～⑤ のうちから最も適切なものを一つ選べ。 **32**

① Ⅰのみ正しい。
② Ⅱのみ正しい。
③ Ⅲのみ正しい。
④ ⅠとⅡとⅢはすべて正しい。
⑤ ⅠとⅡとⅢはすべて誤り。

問 18　次の表は，2017 年の 2 人以上の勤労者世帯について，47 都道府県庁所在市別に 1 世帯当たり 1 か月間の収入と支出をまとめたものである（単位：万円）。なお，以下の表における世帯主収入の合計は，定期収入と賞与の和である。

	世帯主収入			消費支出
	定期収入	賞与	合計	
札幌市	34.8	7.9	42.7	30.7
青森市	28.1	5.3	33.4	26.9
盛岡市	35.4	6.6	42.0	30.7
仙台市	30.6	5.3	35.9	30.9
⋮	⋮	⋮	⋮	⋮
大分市	36.6	8.0	44.6	32.2
宮崎市	29.9	5.6	35.5	30.3
鹿児島市	33.5	6.4	39.9	30.9
那覇市	27.6	4.4	32.0	26.4

資料：総務省「2017 年家計調査年報」

〔1〕まず，消費支出が定期収入および賞与で説明できるかどうかを検証するため，次の重回帰モデルを考える。

$$\text{消費支出} = \alpha_0 + \alpha_1 \times \text{定期収入} + \alpha_2 \times \text{賞与} + u$$

ここで，誤差項 u は互いに独立に正規分布 $N(0, \sigma_u^2)$ に従うとする。

定期収入，賞与にそれぞれ対応する変数を income，bonus として，上記の重回帰モデルを統計ソフトウェアによって最小二乗法で推定したところ，次の出力結果が得られた。なお，出力結果の一部を加工している。また，出力結果の (Intercept) は定数項 α_0 を表している。

重回帰モデルの出力結果

```
Coefficients:
             Estimate  Std. Error  t value  Pr(>|t|)
(Intercept) 14.58851   2.49814     5.840    5.80e-07
income       0.39461   0.08944     4.412    6.54e-05
bonus        0.47247   0.24370     1.939    0.059
---

Residual standard error: 1.898 on 44 degrees of freedom
Multiple R-squared:  0.5371,    Adjusted R-squared:  0.5161
F-statistic: 25.53 on 2 and 44 DF,  p-value: 4.371e-08
```

この重回帰モデルに対する解析結果の解釈に関して，次の①～⑤のうちから最も適切なものを一つ選べ。 **33**

① 賞与を一定としたときに，定期収入が1万円増えると消費支出が約0.39万円増える傾向がある。

② 賞与と定期収入が同時に1万円増えると消費支出が約0.39万円増える傾向がある。

③ 賞与を一定としたときに，定期収入が1％増えると消費支出が約0.39％増える傾向がある。

④ 賞与と定期収入が同時に1％増えると消費支出が約0.39％増える傾向がある。

⑤ 定期収入が1万円増えたら消費支出が約0.39万円増えるし，定期収入が1％増えたら消費支出が約0.39％増える傾向がある。賞与が一定なのか定期収入と同時に増えるかは，この解釈に影響しない。

〔2〕次に，消費支出が世帯主収入合計で説明できるかどうかを検証するため，次の単回帰モデルを考える。

$$\text{消費支出} = \beta_0 + \beta_1 \times \text{世帯主収入合計} + v$$

ここで，誤差項 v は互いに独立に正規分布 $N(0, \sigma_v^2)$ に従うとする。

世帯主収入合計に対応する変数を total.income として，上記の単回帰モデルを統計ソフトウェアによって最小二乗法で推定したところ，次の出力結果が得られた。なお，出力結果の一部を加工している。また，出力結果の (Intercept) は定数項 β_0 を表している。

単回帰モデルの出力結果

```
Coefficients:
              Estimate   Std. Error   t value   Pr(>|t|)
(Intercept)    14.3931   2.3531       6.117     2.09e-07
total.income    0.4121   0.0571       7.216     4.88e-09
---

Residual standard error: 1.878 on 45 degrees of freedom
Multiple R-squared:  0.5364,    Adjusted R-squared:  0.5261
F-statistic: 52.07 on 1 and 45 DF,  p-value: 4.879e-09
```

各係数の推定値を $\hat{\beta}_0, \hat{\beta}_1$ とし，消費支出（y）の予測値（$\hat{y}$）を

$$\hat{y} = \hat{\beta}_0 + \hat{\beta}_1 \times \text{世帯主収入合計}$$

としてその平均（$\bar{\hat{y}}$）を計算したところ，$\bar{\hat{y}} = 31.3$ となった。次の記述 I ～ III は，この単回帰モデルでの予測に関するものである。

I. 予測値の平均が $\bar{\hat{y}} = 31.3$ ということは，元のデータ y の平均 $\bar{y}$ も 31.3 である。

II. 世帯主収入合計の平均は，小数点以下第 2 位を四捨五入して 41.0 である。

III. 各都道府県庁所在市の予測値 $\hat{y}_i$（$i = 1, \ldots, 47$）に残差を加えると，元のデータ y_i となる。

記述 I ～ III に関して，次の ① ～ ⑤ のうちから最も適切なものを一つ選べ。

34

① I のみ正しい。
② II のみ正しい。
③ III のみ正しい。
④ I と II のみ正しい。
⑤ I と II と III はすべて正しい。

〔3〕次の記述 I ～ III は,〔1〕で考えた重回帰モデルと〔2〕で考えた単回帰モデルの比較に関するものである。

I. 重回帰モデルにおいて，定期収入と賞与の係数は等しいとおくと，単回帰モデルが得られる。

II. 重回帰モデルの自由度調整済み決定係数は，単回帰モデルのそれより大きい。したがって，重回帰モデルの方を選択すべきである。

III. 重回帰モデルでは，定期収入と消費支出の関係及び賞与と消費支出の関係を分析できる。一方，単回帰モデルでは，定期収入と賞与の合計と消費支出の関係しか分析できない。

記述 I ～ III に関して，次の ① ～ ⑤ のうちから最も適切なものを一つ選べ。

35

① III のみ正しい。
② I と II のみ正しい。
③ I と III のみ正しい。
④ II と III のみ正しい。
⑤ I と II と III はすべて正しい。

統計検定２級　2019 年 11 月　正解一覧

次ページ以降に解説を掲載しています。問題の趣旨やその考え方を理解するために活用してください。

問		解答番号	正解
問１	〔1〕	1	①
	〔2〕	2	③
問２	〔1〕	3	④
	〔2〕	4	④
	〔3〕	5	③
問３	〔1〕	6	①
	〔2〕	7	④
問４		8	②
問５		9	②
問６		10	④
問７		11	③
問８	〔1〕	12	①
	〔2〕	13	③
問９	〔1〕	14	④
	〔2〕	15	④
	〔3〕	16	②
問10	〔1〕	17	③
	〔2〕	18	②
	〔3〕	19	②

問		解答番号	正解
問11		20	⑤
問12		21	⑤
問13		22	⑤
問14	〔1〕	23	③
	〔2〕	24	③
問15	〔1〕	25	④
	〔2〕	26	②
問16	〔1〕	27	⑤
	〔2〕	28	④
	〔3〕	29	⑤
問17	〔1〕	30	①
	〔2〕	31	③
	〔3〕	32	③
問18	〔1〕	33	①
	〔2〕	34	⑤
	〔3〕	35	③

問1

〔1〕 **1** ……………………………………………… 正解 ①

東京の箱ひげ図を見ると，最小値が2℃以上4℃未満にあり，最大値及びその次に大きい観測値が16℃以上18℃未満にあることがわかる。（A）～（E）の度数分布表の中でこれに該当するのは（A）のみである。なお，（B）は広島，（C）は福岡，（D）は大阪，（E）は名古屋である。

よって，正解は①である。

〔2〕 **2** ……………………………………………… 正解 ③

①：誤り。ひげの長さを比較すると，平均気温の範囲が最も大きい都市は福岡であることがわかる。広島の平均気温の最小値は東京とほぼ同じであり，一方で，広島の平均気温の最大値は明らかに東京よりも小さい。よって，広島の平均気温の範囲は東京よりも小さいことからも広島ではないことがわかる。

②：誤り。箱の長さを比較すると，平均気温の四分位範囲が最も小さい都市は東京であることがわかる。名古屋の平均気温の第1四分位数は東京よりも小さく，第3四分位数は東京よりも大きい。

③：正しい。箱の下の部分を比較すると，平均気温の第1四分位数が最も大きい都市は福岡であることがわかる。

④：誤り。箱の中の線を比較すると，平均気温の中央値が最も小さい都市は名古屋であることがわかる。

⑤：誤り。ひげの上の部分及び東京の外れ値を比較すると，平均気温の最大値が最も小さい都市は名古屋であることがわかる。

よって，正解は③である。

問2

〔1〕 **3** ……………………………………………… 正解 ④

①：誤り。1990年の女性の50歳時未婚率が8％を超えている都道府県は1つしかない。

②：誤り。1990年の男性の50歳時未婚率が10％を超えている都道府県が2つある。

③：誤り。1990 年の男性の 50 歳時未婚率の最大値は約 10.5 %であり，2015 年の男性の 50 歳時未婚率の最小値は約 18.2 %である。このことから，すべての都道府県において，2015 年の男性の 50 歳時未婚率は 1990 年よりも高い。

④：正しい。2015 年において，すべての都道府県において男性の 50 歳時未婚率は 18 %以上であるのに対し，女性の 50 歳時未婚率は 1 つの都道府県を除いて 18 %未満である。また，女性の 50 歳時未婚率が 18 %を超えている唯一の都道府県においても，女性の 50 歳時未婚率は約 19.2 %であるのに対し，男性の 50 歳時未婚率は約 26 %である。

⑤：誤り。2015 年における女性の 50 歳時未婚率が最も低い都道府県における男性の 50 歳時未婚率は約 19.2 %である。一方，男性の 50 歳時未婚率の最小値は約 18.2 %である。

よって，正解は ④ である。

〔2〕 **4** ·· 正解 ④

1990 年のデータの散布図では，比較的強い正の相関があることがわかる。一方，2015 年のデータの散布図では，1990 年のものよりも弱い正の相関がある。「1990 年の相関＞2015 年の相関」となるので，この条件を満たすのは ① と ④ であるが，① では 1990 年の比較的強い正の相関を示す値としては小さい。

よって，正解は ④ である。

〔3〕 **5** ·· 正解 ③

散布図より，2015 年における女性の 50 歳時未婚率の度数分布表は以下の通りとなる。

階級	度数
8 %以上 10 %未満	3
10 %以上 12 %未満	12
12 %以上 14 %未満	19
14 %以上 16 %未満	7
16 %以上 18 %未満	5
18 %以上 20 %未満	1

よって，正解は ③ である。

（実際の解法例）

散布図より，2015 年における女性の 50 歳時未婚率の最小値は 8～10 %の間に含まれ，最大値は 18～20 %の間に含まれる（これには ① と ③ が該当する）。

また，16〜18 %の間に含まれる都道府県は 5 個あることがわかる。

よって，正解は ③ である。

問3

〔1〕 **6** ……………………………………………… 正解 ①

平成 30 年 1 月，12 月，平成 31 年 1 月の賃金指数をそれぞれ，$W_{H30.1}$，$W_{H30.12}$，$W_{H31.1}$ とする。このとき，平成 31 年 1 月の賃金指数の値 $W_{H31.1}$ の平成 30 年 1 月の賃金指数の値 $W_{H30.1} = 102.6$ からの変化率が -0.97 %であることから，

$$\frac{W_{H31.1} - 102.6}{102.6} \times 100 = -0.97$$

となる。よって，$W_{H31.1} = -0.97/100 \times 102.6 + 102.6 = 102.6 \times (1 - 0.0097)$ である。次に，平成 30 年 12 月の賃金指数 $W_{H30.12} = 104.1$ からの変化率（%）は

$$\begin{aligned}\frac{W_{H31.1} - W_{H30.12}}{W_{H30.12}} \times 100 &= \left(\frac{W_{H31.1}}{W_{H30.12}} - 1\right) \times 100 \\ &= \left(\frac{102.6 \times (1 - 0.0097)}{104.1} - 1\right) \times 100\end{aligned}$$

である。

よって，正解は ① である。

〔2〕 **7** ……………………………………………… 正解 ④

【条件】より，平成 30 年 1 月の賃金指数 $W_{H30.1}$ は 102.6，また，平成 30 年 4 月の賃金指数 $W_{H30.4}$ は 105.6 である。平成 30 年 2 月から同年 4 月にかけて，前月からの変化率が常に r（%）であれば，

$$105.6 = 102.6\left(1 + \frac{r}{100}\right)^3$$

が成立する。これを解くことで，

$$r = \left\{\left(\frac{105.6}{102.6}\right)^{1/3} - 1\right\} \times 100$$

となる。

よって，正解は ④ である。

問4

8 ………………………………………………… 正解 ②

Ⅰ：誤り。傾向変動は，基本的な長期に渡る動きを表す変動をさすが，直線とは限らない。

Ⅱ：正しい。季節変動は，1年を周期として循環を繰り返す変動をさす。農産物の生産など自然現象に左右される変動や季節による社会的・経済的要因で生じる変動が考えられる。

Ⅲ：誤り。不規則変動は，傾向変動（循環変動を含む）と季節変動以外の変動で，規則的ではない変動をさし，予測が困難な偶然変動（たとえば，冷夏などの天候による売り上げの減少など）を含む。

以上から，正しい記述はⅡのみなので，正解は ② である。

問5

9 ………………………………………………… 正解 ②

時系列データのグラフを見ると，12か月の周期性が読み取れるので，コレログラムでは，ラグ12，24で強い正の相関がある。また，大きな上下変動の頂点の約6か月後付近に小さな上下変動があり，小さい値が連続することから，元データと6か月前後ずらしたデータには，負の相関がある。つまり，ラグ6前後において連続して負の相関がある。

①：適切でない。ラグ12で強い負の相関が認められる。

②：適切である。ラグ12，24で強い正の相関が認められる。また，ラグ6前後において連続して負の相関が認められる。

③：適切でない。ラグ12，24で強い正の相関が認められるが，ラグ6前後において連続して負の相関が認められない。

④：適切でない。ラグ6，12，18，24，30，つまり6か月おきに強い正の相関が認められる。

⑤：適切でない。ラグ12で強い負の相関が認められる。

よって，正解は ② である。

問6

10 ………………………………………………… 正解 ④

Ⅰ：単純無作為抽出法。母集団である当日のすべての搭乗客に対して，無作為に（等しい確率で）200 人抽出し調査を行っているので，単純無作為抽出法である。

Ⅱ：層化（層別）抽出法。母集団であるすべての搭乗客を，午前に出発する便のグループと午後に出発する便のグループという，互いに被ることのないグループ（層）に分割し，それぞれの層から無作為に搭乗客を抽出し調査を行っているので，層化抽出法である。

Ⅲ：集落（クラスター）抽出法。母集団であるすべての搭乗客を搭乗する飛行機ごとに互いに被ることのないグループ（クラスター）に分割し，無作為に抽出されたグループの搭乗客のすべてに対して調査を行っているので，集落抽出法である。

以上から，正解は **④** である。

問7

11 ………………………………………………… 正解 ③

標本平均 $\bar{x}$ の分散は

$$V[\bar{x}] = \frac{\sigma^2}{n}$$

であり，標準誤差は右辺の σ^2 を不偏分散 $\hat{\sigma}^2$ で置き換えて，平方根をとった

$$\mathrm{se}\,(\bar{x}) = \sqrt{\frac{\hat{\sigma}^2}{n}} = \sqrt{\frac{16.0}{100}} = \sqrt{0.16} = 0.40$$

となる。

よって，正解は **③** である。

問8

〔1〕 **12** ………………………………………… 正解 ①

検定試験に合格するという事象を A とし，対策講座を受講するという事象を B，その余事象を B^{C} とする。問題文より，

$$P(A|B)=0.7,\ P\left(A|B^{\mathrm{C}}\right)=0.3,\ P(B)=0.2,\ P\left(B^{\mathrm{C}}\right)=1-0.2=0.8$$

がそれぞれ成立する。対策講座を受講した合格者である確率は，$P(A\cap B)$ であり，条件付き確率の性質より

$$P(A\cap B)=P(B)\,P(A|B)=0.2\times 0.7=0.14$$

となる。

よって，正解は ① である。

〔2〕 **13** ………………………………………… 正解 ③

求める確率は $P(B|A)$ であるから，ベイズの定理より

$$\begin{aligned}P(B|A)&=\frac{P(B)\,P(A|B)}{P(B)\,P(A|B)+P(B^{\mathrm{C}})\,P(A|B^{\mathrm{C}})}\\&=\frac{0.14}{0.14+0.8\times 0.3}=\frac{7}{19}\fallingdotseq 0.37\end{aligned}$$

となる。

よって，正解は ③ である。

問9

〔1〕 **14** ………………………………………… 正解 ④

確率密度関数 $f(x)$ は

$$f(x)\geq 0\ \text{かつ}\ \int_{-\infty}^{\infty}f(x)dx=1\ \text{を満足する関数である。}$$

よって，$\int_{-\infty}^{\infty}f(x)dx=1$ を満足するように正の a を求めると，

$$\begin{aligned}\int_{-\infty}^{\infty}f(x)dx&=\int_{0}^{20}a\left(1-\frac{x}{20}\right)dx=a\int_{0}^{20}\left(1-\frac{x}{20}\right)dx=a\left[x-\frac{x^2}{40}\right]_0^{20}\\&=10a=1\end{aligned}$$

これより，$a = \dfrac{1}{10}$ となる。

よって，正解は ④ である。

〔2〕 **15** ……………………………………………… 正解 ④

1 か月の水道使用量 X の期待値は，

$$E(X) = \int_{-\infty}^{\infty} xf(x)dx = \int_0^{20} x\frac{1}{10}\left(1-\frac{x}{20}\right)dx = \frac{1}{10}\int_0^{20}\left(x-\frac{x^2}{20}\right)dx$$
$$= \frac{1}{10}\left[\frac{x^2}{2}-\frac{x^3}{60}\right]_0^{20} = \frac{20}{3}$$

となる。

よって，正解は ④ である。

〔3〕 **16** ……………………………………………… 正解 ②

関数 $g(x)$ を

$$g(x) = \begin{cases} 1000, & 0 \le x < 10 \\ 1120, & 10 \le x < 15 \\ 1280, & x \ge 15 \end{cases}$$

とする。このとき，1 か月の水道使用料金は $g(X)$ となり，その期待値は，

$$E[g(X)]$$
$$= \int_{-\infty}^{\infty} g(x)f(x)dx$$
$$= \int_0^{10} 1000\frac{1}{10}\left(1-\frac{x}{20}\right)dx + \int_{10}^{15} 1120\frac{1}{10}\left(1-\frac{x}{20}\right)dx$$
$$+ \int_{15}^{20} 1280\frac{1}{10}\left(1-\frac{x}{20}\right)dx$$
$$= \int_0^{10} 100\left(1-\frac{x}{20}\right)dx + \int_{10}^{15} 112\left(1-\frac{x}{20}\right)dx + \int_{15}^{20} 128\left(1-\frac{x}{20}\right)dx$$
$$= 128\int_0^{20}\left(1-\frac{x}{20}\right)dx + (112-128)\int_0^{15}\left(1-\frac{x}{20}\right)dx$$
$$+ (100-112)\int_0^{10}\left(1-\frac{x}{20}\right)dx$$
$$= 128\left[x-\frac{x^2}{40}\right]_0^{20} - 16\left[x-\frac{x^2}{40}\right]_0^{15} - 12\left[x-\frac{x^2}{40}\right]_0^{10}$$
$$= 1280 - 150 - 90 = 1040$$

となる。

よって，正解は ② である。

（コメント）上式の 4 行目の等号は計算を簡素化するための工夫であり，積分の性質

$$\int_a^b h(x)dx = \int_0^b h(x)dx - \int_0^a h(x)dx$$

を利用した。

問 10

〔1〕 **17** ······························ 正解 ③

Z が正値確率変数であることから，$F_Z(0) = 0$ に注意すると，

$$F_X(0) = P(X = 0) = P(Z = 0) + P(Z > 100) = 0.04 = F_Z(0) + 0.04$$

となる。

また，実数 x が $0 < x < 100$ を満たすとき，分布関数の定義より，

$$\begin{aligned} F_X(x) &= P(X \leq x) \\ &= P(0 < X \leq x) + P(X = 0) \\ &= P(0 < Z \leq x) + 0.04 \\ &= P(Z \leq x) + 0.04 \\ &= F_Z(x) + 0.04 \end{aligned}$$

となる。

よって，正解は ③ である。

〔2〕 **18** ······························ 正解 ②

確率変数 X の下側 95 %を $q_{0.95}$ とおくと

$$P(X \leq q_{0.95}) = F_X(q_{0.95}) = 0.95$$

となる。この式と，〔1〕の結果より

$$F_Z(q_{0.95}) + 0.04 = 0.95$$

つまり，$F_Z(q_{0.95}) = 0.91$ となる $q_{0.95}$ を求めればよい。したがって，問題文より，

$q_{0.95} = 5$ である。

よって，正解は ② である。

〔3〕 **19** ……………………………………………… 正解 ②

本問における確率変数 X は，連続型と離散型の混合タイプの確率変数であり，$X = 0$ の 1 点のみ離散型で確率

$$P(X = 0) = P(Z > 100) = 1 - F_Z(100) = 0.04$$

が存在する。

また，〔1〕の結果を用いると，$0 < x < 100$ を満たす任意の実数 x に対して，$F_X(x)$ は（$F_Z(x)$ が微分可能なので）微分可能となり，確率密度関数として

$$f_X(x) = \frac{d}{dx}F_X(x) = \frac{d}{dx}\{F_Z(x) + 0.04\} = \frac{d}{dx}F_Z(x) = f_Z(x)$$

が存在する。さらに，$x \geq 100$ を満たす任意の実数 x に対して，$F_X(x) = 1$ であるから，確率密度関数は $f_X(x) = 0$ となる。

以上より，X の関数 $g(X)$ の期待値は

$$\begin{aligned} E[g(X)] &= g(0)P(X = 0) + \int_0^{\infty} g(x)f_X(x)dx \\ &= g(0)P(Z > 100) + \int_0^{100} g(x)f_Z(x)dx \end{aligned}$$

と表される。$g(x) = x$ とすれば，

$$E[X] = 0 \times P(Z > 100) + \int_0^{100} xf_Z(x)dx = \int_0^{100} zf_Z(z)dz$$

となる。

よって，正解は ② である。

（コメント）ちなみに，X の期待値は，部分積分を用いると

$$\begin{aligned} E[X] &= \int_0^{100} zf_Z(z)dz \\ &= [zF_Z(z)]_0^{100} - \int_0^{100} F_Z(z)dz \\ &= 100F_Z(100) - \int_0^{100} F_Z(z)dz \\ &= 96 - \int_0^{100} F_Z(z)dz \end{aligned}$$

となり，Z の分布関数 F_Z を用いて表現することができる。

問11

20 ………………………………………………… 正解 ⑤

Ⅰ：誤り。歪度の正負は分布の平均には依存しない。

Ⅱ：誤り。右に裾が長い分布のとき，歪度は正の値をとる。

Ⅲ：誤り。歪度は分布の対称性を見る指標であり，分布に多峰性があったとしても，左右対称であれば 0 となるが，右に裾が長ければ正の値をとり，左に裾が長ければ負の値をとる。

以上から，正しい記述はないので，正解は ⑤ である。

問12

21 ………………………………………………… 正解 ⑤

Ⅰ：正しい。

$$E[\hat{\mu}_1] = E\left[\frac{1}{2}(X_1 + X_2)\right] = \frac{1}{2}(E[X_1] + E[X_2]) = \frac{1}{2}(\mu + \mu) = \mu$$

であるから，$\hat{\mu}_1$ は μ の不偏推定量である。

Ⅱ：誤り。

$$V[\hat{\mu}_1] = V\left[\frac{1}{2}(X_1 + X_2)\right] = \frac{1}{4}(V[X_1] + V[X_2]) = \frac{1}{4}\left(\sigma^2 + \sigma^2\right) = \frac{1}{2}\sigma^2$$

とⅠより

$$\hat{\mu}_1 \sim N\left(\mu, \frac{1}{2}\sigma^2\right)$$

であるから，たとえば

$$P\left(\left|\frac{\hat{\mu}_1 - \mu}{\sigma/\sqrt{2}}\right| < 1.96\right) = 0.95$$

が成り立つ。これより

$$\lim_{n\to\infty} P\left(|\hat{\mu}_1 - \mu| < \frac{1.96\sigma}{\sqrt{2}}\right) = 0.95$$

であるから，任意の $\varepsilon > 0$ に対して

$$\lim_{n\to\infty} P\left(|\hat{\mu}_1 - \mu| < \varepsilon\right) = 1$$

は成り立たない。よって，$\hat{\mu}_1$ は μ の一致推定量でない。

Ⅲ： 正しい。

$$E\left[\hat{\mu}_2\right] = E\left[\frac{1}{n-2}\sum_{i=2}^{n-1} X_i\right] = \frac{1}{n-2}\sum_{i=2}^{n-1} E\left[X_i\right] = \frac{1}{n-2}\sum_{i=2}^{n-1} \mu = \mu$$

であるから，$\hat{\mu}_2$ は μ の不偏推定量である。

Ⅳ： 正しい。

$$V\left[\hat{\mu}_2\right] = V\left[\frac{1}{n-2}\sum_{i=2}^{n-1} X_i\right] = \frac{1}{(n-2)^2}\sum_{i=2}^{n-1} V\left[X_i\right] = \frac{1}{(n-2)^2}\sum_{i=2}^{n-1} \sigma^2$$
$$= \frac{1}{n-2}\sigma^2$$

とⅢ及びチェビシェフの不等式より，任意の $\varepsilon > 0$ に対して

$$P\left(|\hat{\mu}_2 - \mu| < \varepsilon\right) \geq 1 - \frac{\sigma^2}{(n-2)\,\varepsilon^2}$$

であるから，

$$\lim_{n\to\infty} P\left(|\hat{\mu}_2 - \mu| < \varepsilon\right) = 1$$

が成り立つ。よって，$\hat{\mu}_2$ は μ の一致推定量である。

以上から，正しい記述はⅠとⅢとⅣのみなので，正解は⑤である。

問13

22 ………………………………………… 正解 ⑤

母比率の推定値である標本比率を $\hat{p}$，標本サイズを n とする。n が十分大きいとき，$\hat{p}$ の分布は平均 p，分散 $p(1-p)/n$ の正規分布で近似できる。また，標準誤差は

$$\sqrt{\frac{\hat{p}(1-\hat{p})}{n}}$$

で近似できる。A 候補の得票率の推定値は $\hat{p} = 54/100 = 0.54$，標本サイズは $n = 100$ であるから，標準誤差は

$$\sqrt{\frac{0.54(1-0.54)}{100}} = \sqrt{0.002484} \fallingdotseq 0.0498$$

となる。したがって母比率の 95 %信頼区間は，

$$0.54 \pm 1.96 \times 0.0498 \fallingdotseq 0.54 \pm 0.098$$

となる。

よって，正解は ⑤ である。

問14

〔1〕 **23** ………………………………………… 正解 ③

相対度数分布表より，中央値が含まれる階級（つまり，累積相対度数が初めて 50 %を超える階級）は 400 万円以上 500 万円未満である。よって，中央値の半分は 200 万円以上 250 万円未満である。したがって，中央値の半分に満たない所得の世帯の割合は，200 万円未満の累積相対度数である 19.6 %（=6.2 % +13.4 %）以上，300 万円未満の累積相対度数である 33.3 %（=6.2 % +13.4 % +13.7 %）以下となる。

よって，正解は ③ である。

〔2〕 **24** ………………………………………… 正解 ③

正規母集団からの無作為抽出であれば，Z の分布は自由度 $n-1$ の t 分布に従うが，非正規母集団の場合，標本の大きさ n を固定した下では Z の分布は母集団分布に依存する。この理由から，①，②，④ は適切ではない。同様に，標本の大きさ n が十分小さいときには，Z の分布は母集団分布に依存するため，⑤ は適切ではない。

ただし，標本の大きさ n が十分大きいときには中心極限定理より，Z の分布は標準

正規分布で近似できる。よって ③ のように信頼区間を作成することは適切である。

よって，正解は ③ である。

問15

〔1〕 **25** ……………………………………………… 正解 ④

10万人以上の有権者がいることから，母集団は十分に大きく，単純無作為抽出による標本調査における，ある政策の支持者の人数は二項分布に従うと考えてよい。

よって，二項分布の正規近似によって標本比率 $\hat{p}$ は近似的に正規分布 $N\left(p, p(1-p)/n\right)$ に従い，信頼係数95 %の信頼区間は

$$\hat{p} - 1.96\sqrt{\frac{p(1-p)}{n}} \leq p \leq \hat{p} + 1.96\sqrt{\frac{p(1-p)}{n}}$$

となる。この信頼区間の幅 $2 \times 1.96\sqrt{\frac{p(1-p)}{n}}$ を 6 %以下にするためには，$2 \times 1.96\sqrt{\frac{p(1-p)}{n}} \leq 0.06$ を解くことで，

$$n \geq \left(\frac{2 \times 1.96}{0.06}\right)^2 p\,(1-p)$$

が得られる。ここで，政策の支持率 p について事前の情報が全くないときは，安全のため $p\,(1-p)$ が最大となる $p = 0.5$ とおくと近似的に $n \geq 1067.11$ という不等式が成立する。

よって，正解は ④ である。

〔2〕 **26** ……………………………………………… 正解 ②

政策の支持率 p についておよそ80 %とわかっているときは，〔1〕で求めた不等式

$$n \geq \left(\frac{2 \times 1.96}{0.06}\right)^2 p(1-p)$$

に $p = 0.80$ を代入することで，近似的に $n \geq 682.95$ という不等式が成立する。

よって，正解は ② である。

問16

〔1〕 **27** ……………………………………………… 正解 ⑤

確率変数 $X_1, X_2, \cdots, X_n$ が独立に同一の $N\left(\mu, \sigma^2\right)$ に従う場合，標本平均を $\bar{X}$，不偏分散を S^2 とすると，

$$\bar{X} = \frac{1}{n}\sum_{i=1}^{n} X_i, \qquad S^2 = \frac{1}{n-1}\sum_{i=1}^{n}\left(X_i - \bar{X}\right)^2$$

であり，

$$T = \frac{\bar{X} - \mu}{\sqrt{S^2/n}}$$

は自由度 $n-1$ の t 分布に従う。$n = 16$ であるから 自由度 15 の t 分布 に従う。

よって，正解は ⑤ である。

〔2〕 **28** ……………………………………………… 正解 ④

帰無仮説はなんらかの意味で差がない状態を表し，対立仮説は差がある状態を表現する。差の方向を考えるかどうかにより，片側対立仮説と両側対立仮説がある。

①：適切でない。帰無仮説は差がある状態を表し，対立仮説は差がない状態を表現している。

②：適切でない。①と同様に，帰無仮説は差がある状態を表し，対立仮説は差がない状態を表現している。

③：適切でない。帰無仮説と対立仮説の両方において，差がある状態を表現している。

④：適切である。帰無仮説は差がない状態を表し，対立仮説は差がある状態を表現している。さらに，片側対立仮説は平均が正であるから，体重が減少するかどうかを検証するための仮説検定である。

⑤：適切でない。帰無仮説は差がない状態を表し，対立仮説は差がある状態を表現しているが，片側対立仮説は平均が負であるから，体重が増加するかどうかを検証するための仮説検定である。

よって，正解は ④ である。

〔3〕 **29** ………………………………………… 正解 ⑤

"前 − 後" のデータにおいて，$\bar{X}=0.5$，$S=1.5$ であるから，

$$t=\frac{0.5-0}{\sqrt{1.5^2/16}}=1.333$$

となる。自由度 15 の t 分布の上側 5 %点は 1.753 であり，$t=1.333<1.753$ であるから帰無仮説は棄却されない（この時点で ①，②，③ は適切ではない。さらに，①，③ は片側検定でないことからも適切ではない）。帰無仮説が棄却され対立仮説が選択されたときには，対立仮説が正しいと積極的に主張できるが，帰無仮説が棄却されないときには，帰無仮説が正しいと積極的には主張できない。よって，④ における「食品 A の摂取前後で体重変化はないと判断する」は誤りであり，「食品 A の摂取後に体重が減少するとは判断できない」が正しい結論である。

よって，正解は ⑤ である。

問17

〔1〕 **30** ································ 正解 ①

「月を変動要因とする」とあるので，第 i 月 $(i = 1, 2, \ldots, 12)$ での売上高が水準 A_i での観測となる。水準 A_i でのデータの大きさは $n_i = 11$ (11 年間のデータ) であるから，水準間平方和は

$$S_A = \sum_{i=1}^{12} n_i \left(\bar{y}_{i\cdot} - \bar{y}_{\cdot\cdot}\right)^2 = \sum_{i=1}^{12} 11 \left(\bar{y}_{i\cdot} - \bar{y}_{\cdot\cdot}\right)^2$$

となり，残差平方和は

$$S_e = \sum_{i=1}^{12} \sum_{j=2008}^{2018} \left(y_{ij} - \bar{y}_{i\cdot}\right)^2$$

となる。

よって，正解は **①** である。

〔2〕 **31** ································ 正解 ③

水準の数が $a = 12$ (か月) であるから，水準間平方和の自由度（ア）は，$a - 1 = 12 - 1 = 11$ となる。また，標本の大きさは

$$n = 12\,(\text{か月}) \times 11\,(\text{年間}) = 132$$

であるから，残差平方和の自由度（イ）は，$n - a = 132 - 12 = 120$ となる。

よって，正解は **③** である。

〔3〕 **32** ································ 正解 ③

一元配置分散分析では，帰無仮説 H_0 および対立仮説 H_1 をそれぞれ

$$H_0 : \mu_i \text{はすべて等しい}, \quad H_1 : \mu_i \text{のうち少なくとも 1 つが異なる}$$

と設定して検定を行う。このとき，帰無仮説の下で，検定統計量 F は自由度 $(a - 1, n - a)$ の F 分布に従う。本問の場合，有意水準を α としたとき，F-値が自由度 (11, 120) の F 分布の上側 α 点よりも大きければ，帰無仮説を棄却する。

Ⅰ：誤り。対立仮説が誤っている。

Ⅱ：誤り。自由度 (ν_1, ν_2) の F 分布の上側 α 点を $F_\alpha(\nu_1, \nu_2)$ とすると，F 分布のパーセント点を示す付表から，$F_{0.05}(15, 120) < F_{0.05}(11, 120) < F_{0.05}(10, 120)$ である。$F_{0.05}(10, 120) = 1.910$ であることと，また，本

問の表の F-値は 3.0471 より，

$$F_{0.05}(11,120) < 1.910 < 3.0471$$

となり，帰無仮説は棄却される。これより，月ごとの売上高に差があると判断できる。

Ⅲ：正しい。Ⅱと同様にして，$F_{0.025}(11,120) < F_{0.025}(10,120) = 2.157 < 3.0471$ がわかる。つまり，F-値が 3.0471 であるため，それ以上の値をとる確率が 0.025 より小さいことがわかるので

$$P\text{-値} < 0.025$$

となる。

以上から，正しい記述はⅢのみなので，正解は ③ である。

（コメント）このデータを見ると，月ごとの変動だけでなく，年ごとの変動も疑われる。このような場合は 2 元配置分散分析の方が好ましいが，2 級の出題範囲を超えるため 1 元配置分散分析を行った。

また，〔3〕Ⅱについて，自由度（11, 120）の上側 5 %点 $F_{0.05}(11,120)$ を $F_{0.05}(10,120) = 1.910$，$F_{0.05}(15,120) = 1.750$ を用いて補間により近似すると，

$$\begin{aligned}&F_{0.05}(15,120) + \left(\frac{\dfrac{1}{11} - \dfrac{1}{15}}{\dfrac{1}{10} - \dfrac{1}{15}}\right) \times (F_{0.05}(10,120) - F_{0.05}(15,120))\\&= 1.750 + 0.7272 \times (1.910 - 1.750)\\&= 1.866352\end{aligned}$$

となる（実際は，$F_{0.05}(11,120) = 1.869$）。〔3〕Ⅲも同様にして $F_{0.025}(11,120)$ を近似的に計算できる。

問18

〔1〕 **33** …………………………………………… 正解 ①

①：適切である。定期収入にかかる係数は約0.39とあるので，賞与を一定としたときに，定期収入が1（万円）大きくなれば，消費支出が約0.39（万円）増加する傾向がある。

②：適切でない。賞与と定期収入が同時に1（万円）大きくなれば，消費支出は約0.86（$= 0.47 + 0.39$ 万円）増加する傾向がある。

③：適切でない。説明変数の1％の変化に対する被説明変数の変化率（％）は**弾力性**と呼ばれる。

$$y = \alpha + \beta x + \gamma z$$

という重回帰モデルでは，弾力性は

$$\frac{\partial y/y}{\partial x/x} = \frac{\partial y}{\partial x} \times \frac{x}{y} = \beta \frac{x}{y}$$

となる。回帰係数 β そのものではないため，これは誤り。

④：適切でない。③と同様の理由で誤り。

⑤：適切でない。③と同様の理由で誤り。また，賞与を一定としなければ，定期収入の増加による消費支出への影響を測ることはできない。

よって，正解は①である。

〔2〕 **34** …………………………………………… 正解 ⑤

各都道府県庁所在市の消費支出を y_i，その予測値を $\hat{y}_i$，世帯主収入合計を x_i とする。$\hat{y}_i$ は，

$$\hat{y}_i = \hat{\beta}_0 + \hat{\beta}_1 x_i$$

と表されるので，その平均は

$$\bar{\hat{y}} = \frac{1}{47}\sum_{i=1}^{47} \hat{y}_i = \frac{1}{47}\sum_{i=1}^{47}\left(\hat{\beta}_0 + \hat{\beta}_1 x_i\right) = \hat{\beta}_0 + \hat{\beta}_1 \bar{x}$$

となる。ここで，$\bar{x}$ とは世帯主合計の平均である。一方，最小二乗推定値 $\hat{\beta}_0$，$\hat{\beta}_1$ についての重要な性質として

$$\bar{y} = \hat{\beta}_0 + \hat{\beta}_1 \bar{x}$$

という関係性が成立する。

Ⅰ：正しい。上記の関係式より，

$$\bar{\hat{y}} = \hat{\beta}_0 + \hat{\beta}_1 \bar{x} = \bar{y}$$

となる。

Ⅱ：正しい。

$$\bar{y} = 31.3, \quad \hat{\beta}_0 = 14.3931, \quad \hat{\beta}_1 = 0.4121$$

を上式に代入すると，$\bar{x} \fallingdotseq 41.0$ となる。

Ⅲ：正しい。各都道府県庁所在市の残差は $e_i = y_i - \hat{y}_i$ と定義されるから，

$$\hat{y}_i + e_i = \hat{y}_i + y_i - \hat{y}_i = y_i$$

となる。

以上から，正しい記述はⅠとⅡとⅢのすべてなので，正解は ⑤ である。

〔3〕 **35** ………………………………………… 正解 ③

Ⅰ：正しい。各都道府県庁所在市の定期収入と賞与をそれぞれ z_i，w_i とすると，重回帰モデルは

$$y_i = \alpha_0 + \alpha_1 z_i + \alpha_2 w_i + u_i$$

となる。ここで，制約条件として $\alpha_1 = \alpha_2$ を課すと，

$$y_i = \alpha_0 + \alpha_1 (z_i + w_i) + u_i$$

となり，$z_i + w_i$ を 1 つの説明変数とすれば単回帰モデルとなる。

Ⅱ：誤り。本問の場合，重回帰モデルにおける自由度調整済み決定係数（Adjusted R-squared）は 0.5161 であり，単回帰モデルの場合は 0.5261 である。したがって，単回帰モデルの方が大きく，単回帰モデルの方を選択すべきである。

Ⅲ：正しい。重回帰モデルの場合，賞与を一定としたときに，定期収入の増加による消費支出の影響を測ることができる。また，定期収入を一定としたときに，賞与の増加による消費支出の影響を測ることができる。一方，単回帰モデルの場合，定期収入と賞与の合計の増加による消費支出の影響を測るのみしかできない。

以上から，正しい記述はⅠとⅢのみなので，正解は ③ である。

PART 3

2級
2019年6月
問題／解説

2019年6月に実施された
統計検定2級で実際に出題された問題文を掲載します。
問題の趣旨やその考え方を理解できるように、
正解番号だけでなく解説を加えました。

※実際の試験では統計数値表が問題文の末尾にあります。本書では巻末に「付表」として掲載しています。

問 1　次の表は，2008 年および 2015 年の，2 人以上の勤労者世帯における，貯蓄額の階級別相対度数分布表である。

	階級	2008年 相対度数（%）	2015年 相対度数（%）
(A)	100 万円未満	（ア）	13.2
(B)	100 万円以上 200 万円未満	7.1	7.2
(C)	200 万円以上 300 万円未満	6.9	7.0
(D)	300 万円以上 400 万円未満	6.3	6.1
(E)	400 万円以上 500 万円未満	5.5	5.6
(F)	500 万円以上 600 万円未満	5.7	5.5
(G)	600 万円以上 700 万円未満	5.2	4.5
(H)	700 万円以上 800 万円未満	3.9	4.2
(I)	800 万円以上 900 万円未満	3.5	3.3
(J)	900 万円以上 1000 万円未満	3.4	3.2
(K)	1000 万円以上 1200 万円未満	5.8	6.0
(L)	1200 万円以上 1400 万円未満	4.7	4.6
(M)	1400 万円以上 1600 万円未満	4.3	4.2
(N)	1600 万円以上 1800 万円未満	2.8	3.0
(O)	1800 万円以上 2000 万円未満	2.8	2.5
(P)	2000 万円以上 2500 万円未満	5.3	5.3
(Q)	2500 万円以上 3000 万円未満	3.8	3.2
(R)	3000 万円以上 4000 万円未満	4.7	4.2
(S)	4000 万円以上	（イ）	7.2

資料：総務省「家計調査」

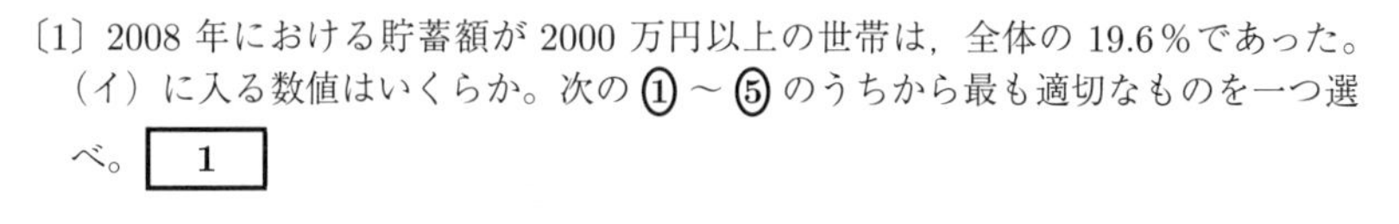

〔1〕2008 年における貯蓄額が 2000 万円以上の世帯は，全体の 19.6％であった。（イ）に入る数値はいくらか。次の ① ～ ⑤ のうちから最も適切なものを一つ選べ。 **1**

① 1.2　　② 3.0　　③ 5.8　　④ 8.2　　⑤ 11.1

〔2〕2015 年における貯蓄額の中央値が含まれる階級はどれか。次の ① ～ ⑤ のうちから適切なものを一つ選べ。 **2**

① (H)　　② (I)　　③ (J)　　④ (K)　　⑤ (L)

〔3〕2015 年における貯蓄額の平均値は 1309 万円であった。2015 年における貯蓄額が平均未満の世帯の割合を x％とする。x の 1 の位を四捨五入した値はいくらか。次の ① ～ ⑤ のうちから最も適切なものを一つ選べ。 **3**

① 30　　② 40　　③ 50　　④ 60　　⑤ 70

問 2　ある中学校の生徒 100 人が，国語と数学のテストを受けた。いずれも 100 点満点である。この結果，国語の得点の標準偏差は 12.5，数学の得点の標準偏差は 16.4，国語と数学の得点の相関係数は 0.72 であった。

〔1〕国語と数学の得点の散布図として，次の ① ～ ⑤ のうちから最も適切なものを一つ選べ。［ 4 ］

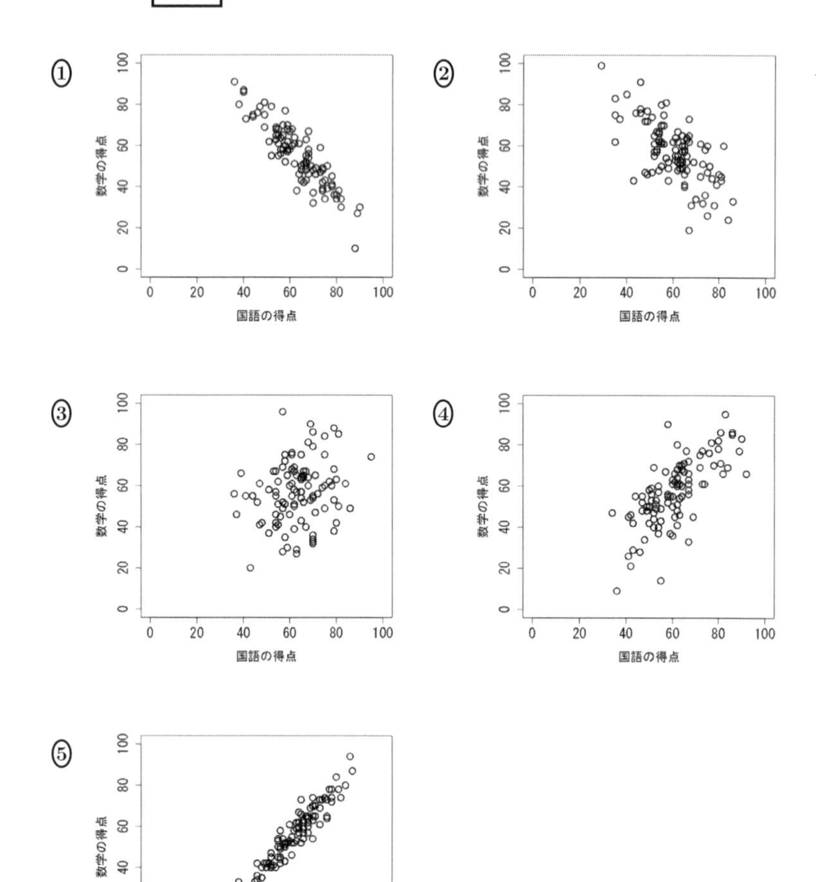

〔2〕国語と数学の得点の共分散はいくらか。次の ① ～ ⑤ のうちから最も適切なものを一つ選べ。 **5**

① 112.5　② 147.6　③ 184.7　④ 193.7　⑤ 205.0

〔3〕次の記述は，数学の得点のみ 2 倍にしたときの，変動係数と共分散の変化に関するものである。

すべての生徒について数学の得点のみ 2 倍にすると，数学の得点の変動係数は（A）。また，国語と数学の得点の共分散は（B）。

（A）と（B）に当てはまるものの組合せとして，次の ① ～ ⑤ のうちから適切なものを一つ選べ。 **6**

① （A）変わらない　（B）変わらない
② （A）変わらない　（B）2 倍になる
③ （A）2 倍になる　（B）変わらない
④ （A）2 倍になる　（B）2 倍になる
⑤ （A）2 倍になる　（B）4 倍になる

問 3　気温を測る単位として，日本では摂氏が用いられている。一方で，アメリカにおいては，華氏を用いるのが一般的であり，摂氏 (C) から華氏 (F) への変換公式は $F = 1.8C + 32$ となる。次の表は，2018 年 12 月 9 日のアメリカの 17 の主要都市における最低気温のデータを摂氏と華氏，双方の単位で記載したものである。

No.	主要都市	摂氏	華氏	No.	主要都市	摂氏	華氏
1	アトランタ	1	33.8	10	ニューヨーク	−1	30.2
2	アンカレジ	−6	21.2	11	ヒューストン	4	39.2
3	サンフランシスコ	6	42.8	12	ボストン	−5	23.0
4	シアトル	4	39.2	13	ポートランド	6	42.8
5	シカゴ	−6	21.2	14	マイアミ	22	71.6
6	デトロイト	−4	24.8	15	ラスベガス	7	44.6
7	デンバー	−1	30.2	16	ロサンゼルス	10	50.0
8	ニューオーリンズ	4	39.2	17	ワシントン D.C.	0	32.0
9	メンフィス	−1	30.2				

資料：日本気象協会

〔1〕上記の摂氏で表されたデータを標準化得点に変換したものを $z_1, \ldots, z_{17}$ とし，華氏で表されたデータを標準化得点に変換したものを $w_1, \ldots, w_{17}$ とする。ただし，下付きの添え字はこれらのデータの No. に対応している。また，標準化得点の計算に用いる標準偏差は不偏分散の正の平方根とし，摂氏で表されたデータの平均は 2.4，標準偏差は 7.0 であった。次の記述 I ～ III は，上のデータの標準化得点に関する説明である。

I. $\frac{1}{17}\sum_{i=1}^{17} z_i = 0$ であり，かつ $\frac{1}{16}\sum_{i=1}^{17} z_i^2 = 1$ である。

II. 標準化得点 $z_1, \ldots, z_{17}$ のどの値も 2.5 より小さい値をとる。

III. すべての $i = 1, \ldots, 17$ に対して，$z_i = w_i$ となる。

記述 I ～ III に関して，次の ① ～ ⑤ のうちから最も適切なものを一つ選べ。

7

① I のみ正しい
② II のみ正しい
③ I と II のみ正しい
④ I と III のみ正しい
⑤ I と II と III はすべて正しい

〔2〕華氏で表されたデータの平均を $\overline{F}$，標準偏差（不偏分散の正の平方根）を s_F とおく。このとき，$\overline{F}$ と s_F の値の組合せとして，次の ①～⑤ のうちから最も適切なものを一つ選べ。 **8**

① $\overline{F} = 4.2$,　$s_F = 12.6$

② $\overline{F} = 4.2$,　$s_F = 44.6$

③ $\overline{F} = 36.3$, $s_F = 7.0$

④ $\overline{F} = 36.3$, $s_F = 12.6$

⑤ $\overline{F} = 36.3$, $s_F = 44.6$

問 4　世帯人員と持家率の関係を調べたい。次の表は，2017 年の 2 人以上の勤労者世帯について，世帯人員別に持家率と勤め先収入をまとめたものである。

世帯人員別の持家率と 1 世帯当たり 1 か月間の収入（2 人以上の勤労者世帯）

世帯人員（人）	持家率（%）	勤め先収入（万円）
2	75.1	41.3
3	77.3	49.0
4	83.7	54.0
5	82.9	55.6
6 以上	84.8	52.1

資料：総務省「家計調査」

世帯人員と持家率の相関係数は 0.91，勤め先収入の影響を除去した世帯人員と持家率の偏相関係数は 0.79 と計算された。ここで,「6 以上」という世帯人員については，平均値として与えられている 6.36 を用いた。

〔1〕次の記述 Ⅰ ～ Ⅲ は，この相関係数と偏相関係数に関するものである。

Ⅰ. 相関係数が 0.91 ということから，世帯人員と持家率に，近似的に傾きが正の直線の関係があると考えられる。

Ⅱ. 偏相関係数は，非線形関係（直線でない関係）を捉えるものである。偏相関係数が 0.79 ということは，世帯人員と持家率に非線形関係が存在する可能性を示唆する。

Ⅲ. 一般的に，相関係数が正なら偏相関係数は負になるという法則性がある。相関係数も偏相関係数も正という今回の計算結果から，世帯人員と持家率には全く関係がないことがわかる。

記述 Ⅰ ～ Ⅲ に関して，次の ① ～ ⑤ のうちから最も適切なものを一つ選べ。

9

① Ⅰのみ正しい
② Ⅱ のみ正しい
③ Ⅲ のみ正しい
④ Ⅰ と Ⅲ のみ正しい
⑤ Ⅰ と Ⅱ と Ⅲ はすべて正しい

〔2〕次の記述 I 〜 III は，この相関係数と偏相関係数を比較したときの解釈に関するものである。

I. 相関係数が 0.91 で偏相関係数が 0.79 ということは，収入の水準が上昇すると，世帯人員と持家率の相関が 0.79 から 0.91 に増加することを示している。世帯人員と持家率の相関は高収入の世帯ほど高いと考えられる。

II. 相関係数が 0.91 で偏相関係数が 0.79 ということは，収入の水準が変動すると，世帯人員と持家率の相関が 0.79 から 0.91 の間で変動することを示している。世帯人員と持家率の相関はやや不安定だと考えられる。

III. 相関係数が 0.91 で偏相関係数が 0.79 ということは，収入の影響を取り除くと，世帯人員と持家率の相関が 0.91 から 0.79 に減少することを示している。世帯人員と持家率の相関には，収入を共通の要因とする見かけ上の相関（擬相関）による部分が含まれていると考えられる。

記述 I 〜 III に関して，次の ① 〜 ⑤ のうちから最も適切なものを一つ選べ。

10

① I のみ正しい
② II のみ正しい
③ III のみ正しい
④ I と II と III はすべて正しい
⑤ I と II と III はすべて誤り

問 5　実験計画における「フィッシャーの 3 原則」とは,「無作為化」,「繰り返し」,「局所管理」である。次の記述 I 〜 III は，この 3 原則に関するものである。

I. 「無作為化」により，制御できない要因の影響を偶然誤差に転化できる。

II. 「繰り返し」とは，同一の被験者から繰り返しデータを得ることである。同一の実験条件に複数の被験者を割り当てても「繰り返し」を行ったことにはならない。

III. 「局所管理」とは，実験全体をいくつかのブロックに分割し，実験を監督・監視する人を各ブロックに無作為に割り付けることを意味する。

記述 I 〜 III に関して，次の ① 〜 ⑤ のうちから最も適切なものを一つ選べ。 **11**

① I のみ正しい
② II のみ正しい
③ III のみ正しい
④ I と II のみ正しい
⑤ I と II と III はすべて誤り

問 6　標本抽出法に関する記述として，次の ① ～ ⑤ のうちから最も適切なものを一つ選べ。 **12**

① 多段抽出では，段数を増やせば増やすほど高い精度を得ることができる。

② 系統抽出は，似た傾向をもつように母集団を系統的にグループ分けし，すべてのグループから少数の個体を無作為に抽出し，標本とする方法である。

③ 回答率の低い調査であっても，無作為抽出で，有効回答数が十分にあれば，高い精度を達成できる。

④ 系統抽出した標本による調査結果の方が，単純無作為抽出した標本による調査結果よりもいつでも高い精度であるといえる。

⑤ クラスター（集落）抽出は，母集団を網羅的に分割し小集団（クラスター）を構成した上で，その中から抽出されたいくつかのクラスター内の個体すべてを調査する方法である。

問 7　2 つの事象 A, B に関して，次が成り立つとする。

$$P(A) = 0.4, \quad P(B) = 0.35, \quad P(A \cup B) = 0.61$$

これらから読み取れることとして，次の ① ～ ⑤ のうちから適切なものを一つ選べ。 **13**

① 事象 A と B は独立であり，かつ，排反でもある。

② 事象 A と B は独立であるが，排反ではない。

③ 事象 A と B は排反であるが，独立ではない。

④ 事象 A と B は排反でも，独立でもない。

⑤ 事象 A と B は排反ではなく，また，独立であるかどうかはわからない。

問8　袋Aには赤玉が2個，白玉が3個入っており，袋Bには赤玉が1個，白玉が4個入っている。1から6の目が等しい確率で出るサイコロを1回投げて2以下の目が出たら袋Aから2回玉を取り出し，3以上の目が出たら袋Bから2回玉を取り出すこととする。玉を取り出す際はそのたびに元に戻すものとする。

〔1〕サイコロを1回投げるとき，袋Bから赤玉が1回だけ取り出される確率はいくらか。次の①～⑤のうちから適切なものを一つ選べ。 **14**

① $\frac{2}{75}$　② $\frac{4}{75}$　③ $\frac{8}{75}$　④ $\frac{4}{25}$　⑤ $\frac{16}{75}$

〔2〕サイコロを1回投げるとき，赤玉が取り出される回数を X とする。X の期待値として，次の①～⑤のうちから適切なものを一つ選べ。 **15**

① $\frac{4}{75}$　② $\frac{8}{75}$　③ $\frac{16}{75}$　④ $\frac{4}{15}$　⑤ $\frac{8}{15}$

問9　2つの確率変数 X と Y に関して，期待値 $E[X]$，$E[Y]$ および X と Y の積の期待値 $E[XY]$ が以下のようになっている。

$$E[X] = 1, \quad E[Y] = 2, \quad E[XY] = 4$$

いま，$Z = X + Y$，$W = 2X - Y$ としたとき，分散 $V[Z]$，$V[W]$ が

$$V[Z] = V[W] = 24$$

であった。

〔1〕X と Y の共分散 $\mathrm{Cov}[X, Y]$ と，X，Y の2乗の期待値 $E[X^2]$，$E[Y^2]$ の値の組合せとして，次の①～⑤のうちから適切なものを一つ選べ。 **16**

① $\mathrm{Cov}[X, Y] = 2, \quad E[X^2] = 4, \quad E[Y^2] = 16$
② $\mathrm{Cov}[X, Y] = 2, \quad E[X^2] = 4, \quad E[Y^2] = 21$
③ $\mathrm{Cov}[X, Y] = 2, \quad E[X^2] = 5, \quad E[Y^2] = 20$
④ $\mathrm{Cov}[X, Y] = 6, \quad E[X^2] = 4, \quad E[Y^2] = 16$
⑤ $\mathrm{Cov}[X, Y] = 6, \quad E[X^2] = 5, \quad E[Y^2] = 20$

〔2〕X と Y の相関係数はいくらか。次の①～⑤のうちから適切なものを一つ選べ。 **17**

① -0.75　② -0.25　③ 0　④ 0.25　⑤ 0.75

問 10 ある調査員が個人を対象とした訪問調査を行う。ある時間帯に調査対象者が在宅している確率が 0.2 であるとし，各訪問で調査対象者が在宅か否かは独立とする。

〔1〕3 軒目の訪問で初めて調査対象者が在宅している確率はいくらか。次の ① ～ ⑤ のうちから最も適切なものを一つ選べ。 **18**

① 0.13　　② 0.24　　③ 0.48　　④ 0.67　　⑤ 0.78

〔2〕初めて調査対象者が在宅しているまでに訪問する軒数の確率分布として，次の ① ～ ⑤ のうちから適切なものを一つ選べ。 **19**

① 期待値 4，分散 15 の二項分布
② 期待値 5，分散 20 の幾何分布
③ 期待値 5，分散 20 の正規分布
④ 期待値 6，分散 25 の二項分布
⑤ 期待値 6，分散 25 の幾何分布

問 11 確率変数 X は期待値 2，分散 9 の正規分布に従うとする。このとき，確率 $P(-1 < X \leq 4)$ はいくらか。次の ① ～ ⑤ のうちから最も適切なものを一つ選べ。 **20**

① 0.16　　② 0.22　　③ 0.34　　④ 0.41　　⑤ 0.59

問 12 $X_1, \ldots, X_9$ は母平均 μ，母分散 σ^2 の正規母集団からの大きさ 9 の無作為標本とする。また $\overline{X}$ を $X_1, \ldots, X_9$ の標本平均とし，S^2 を不偏分散とする。このとき，確率

$$P\left(\overline{X} \geq \mu + 0.62S\right)$$

はいくらか。次の ① ～ ⑤ のうちから最も適切なものを一つ選べ。 **21**

① 0.0250　　② 0.0314　　③ 0.0479　　④ 0.0500　　⑤ 0.2676

問 13　既知の母集団 $\{2,4,6,8\}$ を考える。この母集団から大きさ2の標本 X_1，X_2 を無作為復元抽出する。この標本に対する標本平均を $\overline{X} = \dfrac{X_1 + X_2}{2}$ とし，$p_k = P(\overline{X} = k)$ とおく。ただし，k は自然数とする。

〔1〕$(p_3,\ p_6)$ の組合せとして，次の ①～⑤ のうちから適切なものを一つ選べ。 **22**

① (1/16, 1/16)　② (1/16, 3/16)　③ (1/8, 1/4)
④ (1/8, 3/16)　⑤ (3/16, 1/8)

〔2〕$\overline{X}$ の（中央値，最頻値）の組合せとして，次の ①～⑤ のうちから適切なものを一つ選べ。 **23**

① (4.0, 5.0)　② (4.5, 6.0)　③ (5.0, 5.0)
④ (5.0, 6.0)　⑤ (6.0, 6.0)

〔3〕$\overline{X}$ の期待値 $E[\overline{X}]$ に関する説明として，次の ①～⑤ のうちから最も適切なものを一つ選べ。 **24**

① $E[\overline{X}]$ の値を計算するためには，$p_1, \ldots, p_8$ をすべて計算する必要がある。
② $E[\overline{X}]$ の厳密な値を知るのは不可能である。
③ $E[\overline{X}]$ は母平均の不偏推定量であるから，4か6のいずれかである。
④ $E[\overline{X}]$ を知るには実際に (X_1, X_2) を抽出したデータが必要である。
⑤ $\overline{X}$ は標本抽出のたびに異なる値をとり得るが，$E[\overline{X}]$ の値は定数である。

問 14　ある池には総数 N 匹の魚がいる。この池から300匹の魚を捕獲し，目印を付けて池に戻す。十分時間が経過してから，再び200匹を捕獲して調べたところ，目印の付いている魚が20匹いた。N が十分大きいとしたときの，目印の付いている魚の比率の95%信頼区間として，次の ①～⑤ のうちから最も適切なものを一つ選べ。 **25**

① 0.100 ± 0.017　② 0.100 ± 0.021　③ 0.100 ± 0.034
④ 0.100 ± 0.042　⑤ 0.100 ± 0.131

問 15 次の表は，2017 年 1 月から 2018 年 12 月までの，Amazon.com の株価の月次変化率（単位：%）の基本統計量をまとめたものである。

	標本サイズ	標本平均	不偏分散
Amazon.com	24	3.23	8.72^2

資料：Yahoo! Finance (https://finance.yahoo.com)

Amazon.com の株価の月次変化率は，互いに独立に平均 μ，分散 σ^2 の正規分布に従うと仮定する。

〔1〕μ の 95%信頼区間として，次の ①～⑤ のうちから最も適切なものを一つ選べ。 **26**

① 3.23 ± 2.93　② 3.23 ± 3.05　③ 3.23 ± 3.68
④ 3.23 ± 4.86　⑤ 3.23 ± 6.56

〔2〕帰無仮説 $\mu = 0$，対立仮説 $\mu > 0$ の検定結果として，次の ①～⑤ のうちから最も適切なものを一つ選べ。 **27**

① 有意水準 1%で棄却できるが，0.1%では棄却できない。
② 有意水準 2.5%で棄却できるが，1%では棄却できない。
③ 有意水準 5%で棄却できるが，2.5%では棄却できない。
④ 有意水準 10%で棄却できるが，5%では棄却できない。
⑤ 有意水準 10%では棄却できない。

問 16　X を平均 θ，分散 1 の正規分布に従う確率変数とし，帰無仮説 H_0，対立仮説 H_1 をそれぞれ

$$H_0 : \theta = 0, \qquad H_1 : \theta = 1$$

と想定した仮説検定を考える。X の観測結果 x に対して，棄却域を

$$x \geq 0.8$$

と定めると，第 1 種過誤の確率は（ア）であり，第 2 種過誤の確率は（イ）である。
　次に，棄却域を

$$x \geq x_0$$

としたときの第 1 種過誤の確率を $\alpha(x_0)$，第 2 種過誤の確率を $\beta(x_0)$ とする。座標平面上に $(\beta(x_0),\ 1-\alpha(x_0))$ で与えられる点を P とし，x_0 を 0 から 1 まで動かしたときの点 P の軌跡を表したグラフの概形は（ウ）のようになる。
　このグラフを参考にすると，第 1 種過誤の確率と第 2 種過誤の確率の和

$$\alpha(x_0) + \beta(x_0)$$

を最小にする x_0 は（エ）であることがわかる。

〔1〕文中の（ア），（イ）に当てはまる数値の組合せとして，次の ①～⑤ のうちから最も適切なものを一つ選べ。 **28**

① （ア）0.212　（イ）0.212
② （ア）0.212　（イ）0.421
③ （ア）0.421　（イ）0.212
④ （ア）0.421　（イ）0.421
⑤ （ア）0.421　（イ）0.655

〔2〕文中の（ウ）に当てはまるグラフの概形として，次の ① ～ ⑤ のうちから最も適切なものを一つ選べ。 **29**

①
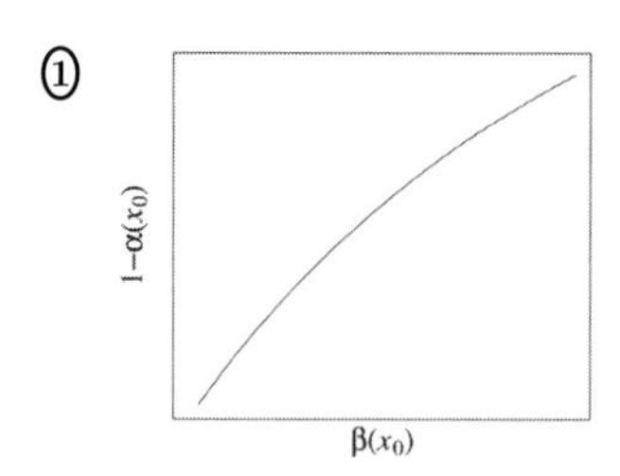

②
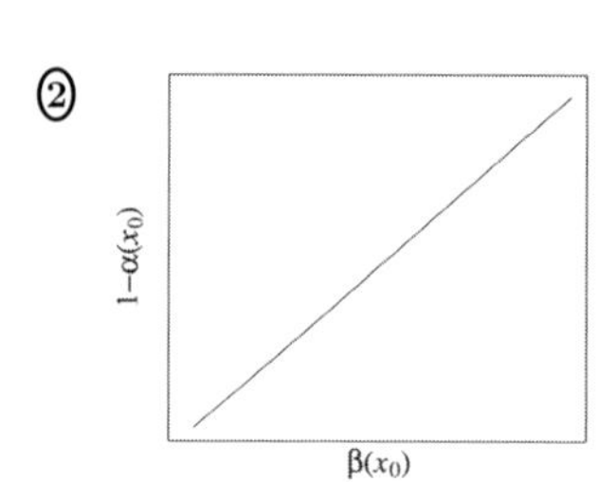

③
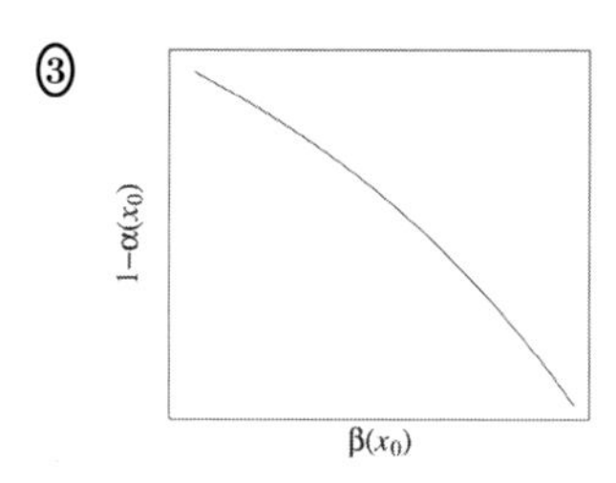

④
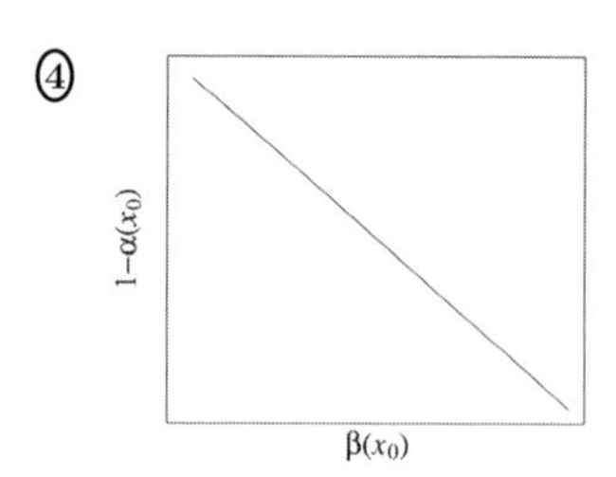

⑤
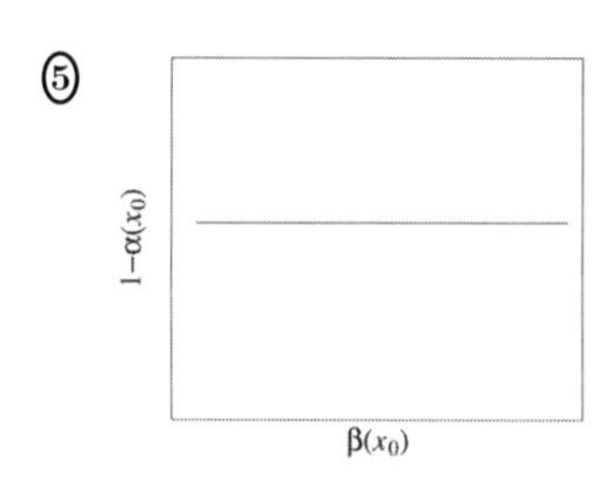

〔3〕文中の（エ）に当てはまるものとして，次の ① ～ ⑤ のうちから最も適切なものを一つ選べ。 **30**

① 0 のみ
② 0.5 のみ
③ 1 のみ
④ 0 と 1 のみ
⑤ 0 から 1 の実数すべて

問 17　新卒者の初任給と最終学歴（以下，学歴）の関係を，4 つの業種（鉱業等，建設業，製造業，電気業等）において調べたい。次の図は，学歴別に，4 つの業種における 2018 年の新卒者の平均初任給をプロットしたものである。

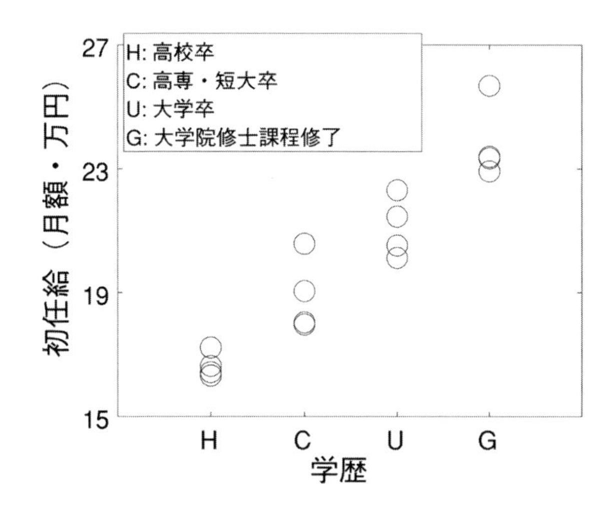

資料：厚生労働省「平成 30 年賃金構造基本統計調査（新規学卒者の初任給の推移）」

〔1〕高専・短大卒ダミー変数 C を，高専・短大卒なら 1，それ以外なら 0 をとる変数とする。同様に大学卒ダミー変数 U と大学院修士課程修了ダミー変数 G を作成する。初任給 y を被説明変数，3 つの学歴ダミー変数 C，U，G を説明変数，互いに独立に正規分布 $N(0,\sigma^2)$ に従う誤差項を u とする重回帰モデル

$$y = \beta_1 + \beta_2 C + \beta_3 U + \beta_4 G + u$$

を最小二乗法で推定したところ次の表のようになった。ここで，$\hat{\sigma}$ は，σ^2 の不偏推定値の正の平方根である。

	回帰係数	標準誤差	t-値	P-値
切片	16.653	0.510	32.652	4.31×10^{-13}
C	2.255	0.721	3.127	8.75×10^{-3}
U	4.450	0.721	6.170	4.80×10^{-5}
G	7.180	0.721	9.955	3.76×10^{-7}

観測数	16	$\hat{\sigma}$	1.020
決定係数	0.900	自由度調整済み決定係数	0.876

次の記述 I ～ III は，この推定結果に関するものである。

I. この推定結果からは，高校卒の学歴と初任給の関係がわからない。高校卒ダミー変数 H を用いて $y = \gamma_1 + \gamma_2 H + \gamma_3 C + \gamma_4 U + \gamma_5 G + v$ を最小二乗法で推定すべきである。

II. 大学院修士課程修了の初任給は，大学卒の初任給よりも 2.73 万円高い傾向がある。

III. P-値は，自由度 13 の t 分布を用いて計算されている。

記述 I ～ III に関して，次の ① ～ ⑤ のうちから最も適切なものを一つ選べ。

31

① I のみ正しい
② II のみ正しい
③ III のみ正しい
④ I と II のみ正しい
⑤ II と III のみ正しい

〔2〕教育年数 x を，高校卒は 12 年，高専・短大卒は 14 年，大学卒は 16 年，大学院修士課程修了は 18 年として作成する。初任給 y を被説明変数，教育年数 x を説明変数，u を互いに独立に正規分布 $N(0, \sigma^2)$ に従う誤差項とする単回帰モデル

$$y = \alpha + \beta x + u$$

を最小二乗法で推定したところ次の表のようになった。ここで，$\hat{\sigma}$ は，σ^2 の不偏推定値の正の平方根である。

	回帰係数	標準誤差	t-値	P-値
切片	2.323	1.620	1.434	0.174
x	1.187	0.107	11.109	2.5×10^{-8}

観測数	16	$\hat{\sigma}$	0.955
決定係数	0.898	自由度調整済み決定係数	0.891

次の記述 I ～ III は，この推定結果に関するものである。

I. 教育年数が 1 年増えると初任給は 1.187 万円上がる傾向がある。

II. 自由度調整済み決定係数とは，重回帰モデルにおいて説明変数の数に応じて決定係数を調整したものである。よって，単回帰モデルでは決定係数と自由度調整済み決定係数は等しい。今回の推定結果では 0.898 と 0.891 のように異なっているが，これは計算の丸め誤差のためである。

III. 両側検定 $H_0 : \alpha = 0$, $H_1 : \alpha \neq 0$ を行っても，片側検定 $H_0 : \alpha = 0$, $H_1 : \alpha > 0$ を行っても，P-値は 0.174 で同じである。

記述 I ～ III に関して，次の ① ～ ⑤ のうちから最も適切なものを一つ選べ。

32

① I のみ正しい
② II のみ正しい
③ III のみ正しい
④ I と II のみ正しい
⑤ I と II と III はすべて誤り

〔3〕次の記述 I ～ III は，学歴ダミー変数を使った重回帰モデルと教育年数を使った単回帰モデルの比較に関するものである。

I. 学歴ダミー変数を使った重回帰モデルの決定係数は，教育年数を使った単回帰モデルのそれよりも 0.002 高い。したがって，重回帰モデルの方を選択すべきである。

II. 学歴ダミー変数を使った重回帰モデルでは，学歴が高専・短大卒から大学卒に変わったときの初任給の変化と，大学卒から大学院修士課程修了に変わったときの初任給の変化は異なる。一方，教育年数を使った単回帰モデルでは，両者の初任給の変化は同じである。

III. 学歴ダミー変数を使った重回帰モデルでは，中学卒という学歴の初任給を予測することはできない。一方，教育年数を使った単回帰モデルでは，推定された単回帰モデルに $x = 9$ を代入すれば形式的には予測できるが，外挿には注意する必要がある。

記述 I ～ III に関して，次の ① ～ ⑤ のうちから最も適切なものを一つ選べ。

33

① I のみ正しい
② II のみ正しい
③ III のみ正しい
④ I と II のみ正しい
⑤ II と III のみ正しい

問 18　都道府県別の 1 人当たり小売店舗事業所数を説明するため，以下の重回帰モデルを推定した。

$$(1\ 人当たり小売店舗事業所数) = \alpha + \beta_1 \times (1\ 人当たり乗用車数) + \beta_2 \times (1\ 人当たり貨物車数) + u$$

ここで，u は互いに独立に正規分布 $N(0,\ \sigma^2)$ に従う誤差項とする。

1 人当たり小売店舗事業所数，1 人当たり乗用車数，1 人当たり貨物車数にそれぞれ対応する変数を retail(単位：事業所/人)，car(単位：台/人)，truck(単位：台/人) として上の重回帰モデルを最小二乗法で推定したところ，次のような出力結果が得られた。なお出力結果の一部を削除している。また出力結果の (Intercept) は定数項 α を表している。

出力結果

```
Coefficients:
              Estimate Std. Error t value Pr(>|t|)
(Intercept)  0.0084345  0.0004812  17.528  < 2e-16
car         -0.0077833  0.0022781  -3.417  0.00138
truck        0.0310015  0.0066308   4.675 2.79e-05
---

Residual standard error: 0.0009454 on 44 degrees of freedom
Multiple R-squared:  0.4285,Adjusted R-squared:  0.4026
F-statistic:  16.5 on 2 and 44 DF,  p-value: 4.507e-06
```

資料：総務省「平成 28 年 経済センサス－活動調査」
総務省「平成 28 年 住民基本台帳人口・世帯数」
総務省「一般社団法人 自動車検査登録情報協会」

〔1〕有意水準 5%で有意な係数（定数項を含む）の組合せについて，次の ①～⑤ のうちから適切なものを一つ選べ。 **34**

① α　　② β_1　　③ $\alpha,\ \beta_2$
④ $\beta_1,\ \beta_2$　　⑤ $\alpha,\ \beta_1,\ \beta_2$

〔2〕出力結果から読み取れる情報として，次の ① ～ ⑤ のうちから最も適切なものを一つ選べ。 **35**

① Adjusted R-squared の値が Multiple R-squared の値よりも小さいことから，正規性の仮定を疑うべきである。

② t value の値は対応する変数の説明力を表している。1 人当たり乗用車数のように t value の値がマイナスである変数は，説明力が非常に低いと判断される。

③ 他の変数が同じ値である場合，1 人当たり乗用車数が多い都道府県では，1 人当たり小売店舗事業所数は少ない傾向がある。

④ F-statistic の値は，定数項を含むすべての係数が 0 であるという帰無仮説の検定に用いられる。

⑤ 重回帰分析で変数選択を行うときには，Multiple R-squared が大きいモデルを選択すればよい。

統計検定2級　2019年6月　正解一覧

次ページ以降に解説を掲載しています。問題の趣旨やその考え方を理解するために活用してください。

問		解答番号	正解
問1	〔1〕	1	③
	〔2〕	2	①
	〔3〕	3	⑤
問2	〔1〕	4	④
	〔2〕	5	②
	〔3〕	6	②
問3	〔1〕	7	④
	〔2〕	8	④
問4	〔1〕	9	①
	〔2〕	10	③
問5		11	①
問6		12	⑤
問7		13	②
問8	〔1〕	14	⑤
	〔2〕	15	⑤
問9	〔1〕	16	③
	〔2〕	17	④

問		解答番号	正解
問10	〔1〕	18	①
	〔2〕	19	②
問11		20	⑤
問12		21	④
問13	〔1〕	22	④
	〔2〕	23	③
	〔3〕	24	⑤
問14		25	④
問15	〔1〕	26	③
	〔2〕	27	③
問16	〔1〕	28	②
	〔2〕	29	①
	〔3〕	30	②
問17	〔1〕	31	②
	〔2〕	32	①
	〔3〕	33	⑤
問18	〔1〕	34	⑤
	〔2〕	35	③

問1

〔1〕 **1** ………………………………………… 正解 ③

相対度数分布表によると，2008 年における貯蓄額が 2000 万円以上の世帯（単位：%）は，$5.3+3.8+4.7+$（イ）であり，これが 19.6 であることに注意すると，（イ）に入る数字は $19.6-(5.3+3.8+4.7)=5.8$ であることがわかる。

よって，正解は ③ である。

〔2〕 **2** ………………………………………… 正解 ①

相対度数分布表において，中央値が含まれる階級とは，累積相対度数が初めて 50 %を超える階級を表す。2015 年のデータでは，累積相対度数はそれぞれ（A）13.2,（B）20.4,（C）27.4,（D）33.5,（E）39.1,（F）44.6,（G）49.1,（H）53.3 であるから，階級（H）に中央値が含まれる。

よって，正解は ① である。

〔3〕 **3** ………………………………………… 正解 ⑤

貯蓄額が 1309 万円（平均値）未満の世帯の割合を x %，1200 万円未満の世帯の割合を a %，1400 万円未満の世帯の割合を b %とすると，$a \leqq x \leqq b$ が成立する。2015 年のデータによると，$a=65.8$（階級（K）の累積相対度数），$b=70.4$（階級（L）の累積相対度数）であり，a と b の 1 の位をそれぞれ四捨五入すると，ともに 70 となるから，x の 1 の位を四捨五入しても 70 となる。

よって，正解は ⑤ である。

問2

〔1〕 **4** ………………………………………… 正解 ④

散布図から線形的な相関関係の有無や相関係数の符号，相関の強さを読み取ることは重要である。一般に，相関係数の絶対値が約 0.7 で明らかな線形関係，約 0.9 で強い線形関係が読み取れる。このことから，国語と数学の得点の相関係数 0.72 に対応する散布図は ④ である。

その他の図については，

①：強い負の相関（相関係数 -0.90）

②：負の相関（相関係数 -0.66）

③：弱い正の相関（相関係数 0.22）

⑤：強い正の相関（相関係数 0.94）

であり，いずれも相関係数 0.72 には該当しない。

よって，正解は ④ である。

〔2〕 **5** ………………………………………… **正解** ▶ ②

国語の得点を X，数学の得点を Y とし，X，Y の標準偏差をそれぞれ σ_X，σ_Y とする。また，X，Y の共分散を σ_{XY} とし，X，Y の相関係数を ρ_{XY} とする。このとき

$$\rho_{XY} = \sigma_{XY}/(\sigma_X \sigma_Y)$$

が成り立つ。この式を変形して

$$\sigma_{XY} = \sigma_X \sigma_Y \rho_{XY} = 12.5 \times 16.4 \times 0.72 = 147.6$$

となる。

よって，正解は ② である。

〔3〕 **6** ………………………………………… **正解** ▶ ②

確率変数 Y（数学）の平均を μ_Y とすると，数学の得点の変動係数は

$$\sigma_Y/\mu_Y$$

となる。数学の得点を 2 倍にしたときの平均（μ_{2Y}），標準偏差（σ_{2Y}）はそれぞれ

$$\mu_{2Y} = 2\mu_Y, \quad \sigma_{2Y} = 2\sigma_Y$$

であるから，

$$(\sigma_{2Y}/\mu_{2Y}) = (2\sigma_Y/2\mu_Y) = (\sigma_Y/\mu_Y)$$

となる。つまり，変動係数は変わらない。

一方，数学の得点を 2 倍にしたときの，X，$2Y$ の共分散（$\sigma_{X,2Y}$）は

$$\sigma_{X,2Y} = 2\sigma_{XY}$$

となる。つまり，共分散は 2 倍になる。

よって，正解は ② である。

問3

〔1〕 **7** ……………………………………… 正解 ④

Ⅰ：正しい。摂氏で表されたデータを $C_1, \ldots, C_{17}$ とし，この平均を $\overline{C}$，標準偏差を s_C とすると，$\overline{C} = \frac{1}{17}\sum_{i=1}^{17} C_i$，$s_C = \sqrt{\frac{1}{16}\sum_{i=1}^{17}(C_i - \overline{C})^2}$ である。この $\overline{C}$，s_C を用いると標準化得点は $z_i = \frac{C_i - \overline{C}}{s_C}$ $(i = 1, \ldots, 17)$ と表すことができる。したがって，

$$\frac{1}{17}\sum_{i=1}^{17} z_i = \frac{1}{17}\sum_{i=1}^{17}\frac{C_i - \overline{C}}{s_C} = \frac{\overline{C} - \overline{C}}{s_C} = 0$$

であり，

$$\frac{1}{16}\sum_{i=1}^{17} z_i^2 = \frac{1}{16}\sum_{i=1}^{17}\frac{(C_i - \overline{C})^2}{s_C^2} = \frac{s_C^2}{s_C^2} = 1$$

となる。

Ⅱ：誤り。問題文より $\overline{C} = 2.4$，$s_C = 7.0$ である。摂氏で表された元データの最大値である 22（No.14）を標準化得点に変換した値を考えると，

$$\frac{22 - 2.4}{7.0} = 2.8 > 2.5$$

となる。

Ⅲ：正しい。華氏で表されたデータを $F_1, \ldots, F_{17}$ とし，この平均を $\overline{F}$，標準偏差を s_F とする。このとき，標準化得点は $w_i = \frac{F_i - \overline{F}}{s_F}$ $(i = 1, \ldots, 17)$ と表すことができる。また，摂氏から華氏への変換公式より，$F_i = 1.8C_i + 32$ $(i = 1, \ldots, 17)$ であり，この式から $\overline{F} = 1.8\overline{C} + 32$，$s_F = 1.8s_C$ となる。したがって，すべての $i = 1, \ldots, 17$ に対して

$$w_i = \frac{F_i - \overline{F}}{s_F} = \frac{(1.8C_i + 32) - (1.8\overline{C} + 32)}{1.8s_C} = \frac{C_i - \overline{C}}{s_C} = z_i$$

となる。

以上から，正しい記述はⅠとⅢのみなので，正解は ④ である。

〔2〕 **8** ………………………………………… 正解 ④

〔1〕のⅢで得られる関係式に $\overline{C} = 2.4$，$s_C = 7.0$ を代入して

$$\overline{F} = 1.8\overline{C} + 32 = 36.32, \quad s_F = 1.8 s_C = 12.6$$

となる。

よって，正解は ④ である。

問4

〔1〕 **9** ………………………………………… 正解 ①

Ⅰ：正しい。相関係数は 2 変数間の線形関係（直線の関係）の程度を表している。相関係数が 1 に近いとき，右上がり（傾きが正）の直線の近くに観測値が布置される。

Ⅱ：誤り。偏相関係数は見かけ上の相関（擬相関）の影響の有無を検討するための指標である。偏相関係数が 0.79 で相関係数 0.91 より小さいことから，世帯人員と持家率の関係に第 3 の変数である勤め先収入の値が関与している可能性を示唆する。

Ⅲ：誤り。相関係数が正なら偏相関係数は負になるという法則性はない。

以上から，正しい記述はⅠのみなので，正解は ① である。

〔2〕 **10** ………………………………………… 正解 ③

Ⅰ：誤り。収入の水準が上昇すると，世帯人員と持家率の相関が 0.79 から 0.91 に増加することを示している訳ではない。

Ⅱ：誤り。収入の水準が変動すると，世帯人員と持家率の相関が 0.79 から 0.91 の間で変動することを示している訳ではない。

Ⅲ：正しい。偏相関係数が 0.79 に減少したことから，世帯人員と持家率の関係に第 3 の変数である勤め先収入の値が関与している可能性を示唆する。このような第 3 の変数の影響が，2 つの変数に現れる相関を見かけ上の相関（擬相関）という。

以上から，正しい記述はⅢのみなので，正解は ③ である。

問5

11 ……………………………… 正解 ①

Ⅰ：正しい。「無作為化」とは，処理を無作為（ランダム）に割り付けることである。無作為化により，制御できない要因の影響を偶然誤差に転化できる。

Ⅱ：誤り。「繰り返し」とは，同じ処理を複数回行うことであり，反復によって偶然誤差の大きさを評価することができる。人間を対象とした臨床試験では，個体差があるため多くの被験者に対するデータを取る必要があり，これも繰り返しと見なされる。

Ⅲ：誤り。「局所管理」とは，実験の場をできる限り均一に保つように管理されたいくつかのブロックに分けて実験を行うことである。たとえば，肥料の効果を調べるため日当たりのよい場所と悪い場所のブロックに分け，日当たり以外の条件はできる限り均一に保つ。各ブロックで実験を行い，日当たりの影響を除き，目的とする肥料の効果を評価する。監督・監視する人を割り付けるのではない。

以上から，正しい記述はⅠのみなので，正解は ① である。

問6

12 ……………………………… 正解 ⑤

①：適切でない。多段抽出では，段数が多くなるほど，平均などの推定精度は低くなる。

②：適切でない。系統抽出は，母集団の要素に通し番号を振り，初めの抽出単位を無作為に抽出した後は，母集団の通し番号から等間隔に標本を抽出する方法である。

③：適切でない。回答率が低い場合，被験者の特性により回答の有無が選択され，標本の選択に偏りが生じる可能性がある。

④：適切でない。系統抽出では母集団の要素に通し番号を振り，その通し番号から等間隔に標本を抽出するが，通し番号の並び順に何らかの周期がある場合，標本に偏りが生じる可能性がある。このような場合は単純無作為抽出した標本の方が精度は高くなる。

⑤：適切である。問題文にあるように，クラスター（集落）抽出は，分割されたクラスターに含まれる個体すべてを調査する。

よって，正解は ⑤ である。

問7

13 ………………………… 正解 ②

事象 A と B が独立であるとき，

$$P(A\cap B)=P(A)\,P(B)$$

が成り立つ。また，加法定理より

$$P(A\cap B)=P(A)+P(B)-P(A\cup B)$$

となる。したがって，問題文より，

$$P(A\cap B)=0.4+0.35-0.61=0.14=0.4\times 0.35=P(A)\,P(B)$$

となるから，事象 A と B は独立である。

一方，事象 A と B が排反であるとき，

$$P(A\cap B)=P(\emptyset)=0$$

が成り立つが，上記より 事象 A と B は排反ではない。

よって，正解は ② である。

問8

〔1〕 **14** ………………………… 正解 ⑤

袋 B から赤玉が 1 回だけ取り出されるという事象は，サイコロを 1 回投げて 3 以上の目が出て，かつ，袋 B から 1 回赤玉を取り出し，1 回白玉を取り出すことを表しているから，求める確率は，

$$\frac{4}{6}\times\left({}_2C_1\times\frac{1}{5}\times\frac{4}{5}\right)=\frac{2\times 2\times 4}{3\times 5\times 5}=\frac{16}{75}$$

となる。

よって，正解は ⑤ である。

〔2〕 **15** ………………………………………… 正解 ⑤

赤玉が取り出される回数は，0，1，2 のいずれかである。それぞれの確率は，

$$P[X=0]=\frac{2}{6}\times\left({}_2C_0\times\frac{3}{5}\times\frac{3}{5}\right)+\frac{4}{6}\times\left({}_2C_0\times\frac{4}{5}\times\frac{4}{5}\right)=\frac{9+32}{3\times5\times5}=\frac{41}{75}$$
$$P[X=1]=\frac{2}{6}\times\left({}_2C_1\times\frac{2}{5}\times\frac{3}{5}\right)+\frac{4}{6}\times\left({}_2C_1\times\frac{1}{5}\times\frac{4}{5}\right)=\frac{12+16}{3\times5\times5}=\frac{28}{75}$$
$$P[X=2]=\frac{2}{6}\times\left({}_2C_2\times\frac{2}{5}\times\frac{2}{5}\right)+\frac{4}{6}\times\left({}_2C_2\times\frac{1}{5}\times\frac{1}{5}\right)=\frac{4+2}{3\times5\times5}=\frac{6}{75}$$

となる。したがって，X の期待値は，

$$E[X]=0\times\frac{41}{75}+1\times\frac{28}{75}+2\times\frac{6}{75}=\frac{40}{75}=\frac{8}{15}$$

となる。

よって，正解は ⑤ である。

問9

〔1〕 **16** ………………………………………… 正解 ③

共分散は，

$$\mathrm{Cov}[X,Y]=E[XY]-E[X]E[Y]=4-1\times2=2$$

となる。

一方，$Z=X+Y$，$W=2X-Y$ より Z，W の分散は，

$$V[Z]=V[X]+V[Y]+2\mathrm{Cov}[X,Y],\quad V[W]=4V[X]+V[Y]-4\mathrm{Cov}[X,Y]$$

となる。この式に得られている情報を代入すると，次の連立一次方程式が得られる。

$$V[X]+V[Y]=20,\quad 4V[X]+V[Y]=32$$

これを解くと，

$$V[X]=4,\quad V[Y]=16$$

を得る。したがって，

$$E\left[X^2\right]=V[X]+(E[X])^2=4+1=5$$
$$E\left[Y^2\right]=V[Y]+(E[Y])^2=16+4=20$$

となる。

よって，正解は ③ である。

〔2〕 **17** ⋯⋯⋯⋯⋯⋯⋯⋯⋯⋯⋯⋯⋯⋯⋯⋯⋯⋯⋯⋯⋯⋯⋯⋯⋯ 正解 ④

X と Y の相関係数は，

$$\rho_{XY} = \frac{\mathrm{Cov}[X, Y]}{\sqrt{V[X]\, V[Y]}} = \frac{2}{\sqrt{4 \times 16}} = \frac{1}{4} = 0.25$$

となる。

よって，正解は ④ である。

問 10

〔1〕 **18** ⋯⋯⋯⋯⋯⋯⋯⋯⋯⋯⋯⋯⋯⋯⋯⋯⋯⋯⋯⋯⋯⋯⋯⋯⋯ 正解 ①

確率変数 X を，初めて調査対象者が在宅しているまでに訪問する軒数とすると，X は成功の確率が 0.2 の幾何分布に従う。したがって，

$$P(X = 3) = 0.2 \times (1 - 0.2)^{3-1} = 0.2 \times 0.64 = 0.128$$

となる。

よって，正解は ① である。

〔2〕 **19** ⋯⋯⋯⋯⋯⋯⋯⋯⋯⋯⋯⋯⋯⋯⋯⋯⋯⋯⋯⋯⋯⋯⋯⋯⋯ 正解 ②

初めて調査対象者が在宅しているまでに訪問する軒数が従う確率分布は幾何分布である。確率変数 X が成功確率 0.2 の幾何分布に従うとすると，

$$E[X] = \frac{1}{0.2} = 5, \quad V[X] = \frac{1 - 0.2}{0.2^2} = \frac{0.8}{0.04} = 20$$

となる。

よって，正解は ② である。

問 11

20 ………………………… 正解 ⑤

確率変数 $Z=(X-2)/3$ と定義すると，Z は標準正規分布に従う。したがって，

$$
\begin{aligned}
P(-1<X\leq 4) &= P\left(\frac{-1-2}{3}<\frac{X-2}{3}\leq\frac{4-2}{3}\right)\\
&= P\left(-1<Z\leq\frac{2}{3}\right)\\
&= 1-P\left(Z>\frac{2}{3}\right)-P(Z\leq -1)\\
&= 1-P\left(Z>\frac{2}{3}\right)-P(Z\geq 1)\\
&\fallingdotseq 1-0.252-0.1587=0.5893
\end{aligned}
$$

となる。なお，$P(Z>2/3)$ の値は付表 1 の $u=0.66$ と $u=0.67$ の間を線形補間して求めた。

よって，正解は ⑤ である。

問 12

21 ………………………… 正解 ④

確率変数 $X_i(i=1,\ldots,9)$ が独立に $N(\mu,\sigma^2)$ に従うとき，その標本平均 $\overline{X}$ は $N(\mu,\sigma^2/9)$ に従う。さらに，不偏分散を S^2 とすると，$\left(\overline{X}-\mu\right)/\sqrt{S^2/9}$ は自由度 $8(=9-1)$ の t 分布に従う。一方，

$$
\begin{aligned}
P\left(\overline{X}\geq\mu+0.62S\right) &= P\left(\frac{\overline{X}-\mu}{\sqrt{S^2/9}}\geq\frac{\mu+0.62S-\mu}{\sqrt{S^2/9}}\right)\\
&= P\left(\frac{\overline{X}-\mu}{\sqrt{S^2/9}}\geq 1.86\right)
\end{aligned}
$$

となる。

t 分布のパーセント点の表から，1.86 は自由度 8 の上側 5 パーセント点である。

よって，正解は ④ である。

問13

〔1〕 **22** ………………………………………… 正解 ④

X_1，X_2 は独立に次の分布に従う。

とり得る値	2	4	6	8
確率	1/4	1/4	1/4	1/4

このとき，標本 $(X_1,\ X_2)$ の実現値と $\overline{X}$ のとり得る値およびその確率は次の通りとなる。

$(X_1,\ X_2)$ の実現値	(2,2)	(2,4) (4,2)	(2,6) (4,4) (6,2)	(2,8) (4,6) (6,4) (8,2)	(4,8) (6,6) (8,4)	(6,8) (8,6)	(8,8)
$\overline{X}$ のとり得る値	2.0	3.0	4.0	5.0	6.0	7.0	8.0
確率	1/16	2/16	3/16	4/16	3/16	2/16	1/16

したがって，

$$(p_3, p_6) = \left(\frac{2}{16}, \frac{3}{16}\right) = \left(\frac{1}{8}, \frac{3}{16}\right)$$

となる。

よって，正解は ④ である。

〔2〕 **23** ………………………………………… 正解 ③

上記の表より，

$$\text{中央値} = 5.0,\quad \text{最頻値} = 5.0$$

となる。

よって，正解は ③ である。

〔3〕 **24** ………………………………………… 正解 ⑤

①：適切でない。$E\left[\overline{X}\right] = E[X_1]$ であるから，わざわざ $\overline{X}$ の期待値をその分布 $(p_1, \ldots, p_8)$ から計算する必要はない。

②：適切でない。

$$E\left[\overline{X}\right]=E\left[X_1\right]=2\times\frac{1}{4}+4\times\frac{1}{4}+6\times\frac{1}{4}+8\times\frac{1}{4}=\frac{20}{4}=5$$

であり，厳密な値となる。

③：適切でない。母平均の不偏推定量は $\overline{X}$ であり，$E\left[\overline{X}\right]$ ではない。また，$E\left[\overline{X}\right]=5$ なので後半も誤りである。

④：適切でない。(X_1, X_2) を抽出したデータがなくとも，$E\left[\overline{X}\right]=5$ は計算できる。

⑤：適切である。$\overline{X}$ は確率変数なので標本抽出のたびに異なる値をとり得るが，$E\left[\overline{X}\right]$ の値は定数（$=5$）である。

よって，正解は ⑤ である。

問 14

25 ………………………………………… 正解 ④

池には無数の魚がいると仮定し，目印の付いている魚の比率（母比率）を p，母比率の推定量である標本比率を $\hat{p}$，標本サイズを n とする。中心極限定理により n が大きいとき，

$$\mathrm{z}=\frac{\hat{p}-p}{\sqrt{\dfrac{p(1-p)}{n}}}$$

は近似的に標準正規分布に従う。また，分母の p を $\hat{p}$ で置き換えることによって，$\hat{p}$ の標準誤差（の推定量）は

$$\sqrt{\frac{\hat{p}(1-\hat{p})}{n}}$$

で与えられる。標本サイズは 200 匹であり，そのときの標本比率の値は $\hat{p}=\dfrac{20}{200}=0.100$ であるから，標準誤差の推定値は

$$\sqrt{\frac{0.100\times(1-0.100)}{200}}=0.0212$$

となる。したがって，母比率の 95 %信頼区間は，

$$0.100\pm1.96\times0.0212=0.100\pm0.041552$$

となる。選択肢の中で最も近いのは 0.100 ± 0.042 である。

よって，正解は ④ である。

問 15

〔1〕 **26** ………………………………………………… 正解 ③

$X_1, X_2, \cdots, X_n$ を Amazon.com の株価の月次変化率とする。$X_1, X_2, \cdots, X_n$ が独立に同一の $N\left(\mu, \sigma^2\right)$ に従う場合，標本平均を $\overline{X}$，不偏分散を $\hat{\sigma}^2$ とすると，

$$t = \frac{\overline{X} - \mu}{\hat{\sigma}/\sqrt{n}}$$

は自由度 $n-1$ の t 分布に従う。自由度 $n-1$ の t 分布の上側 $\alpha/2$ 点を $t_{\alpha/2}(n-1)$ とすると，μ の $100\,(1-\alpha)$%信頼区間の式は次の通りである。

$$\overline{X} - t_{\alpha/2}(n-1)\frac{\hat{\sigma}}{\sqrt{n}} \leq \mu \leq \overline{X} + t_{\alpha/2}(n-1)\frac{\hat{\sigma}}{\sqrt{n}}$$

となる。問題では，$n = 24$，$\overline{X} = 3.23$，$\hat{\sigma} = 8.72$ であり，t 分布のパーセント点の表から $t_{0.025}(23) = 2.069$ であるから，母平均の 95 %信頼区間は，

$$3.23 \pm 2.069 \times \frac{8.72}{\sqrt{24}} = 3.23 \pm 3.6827$$

となる。選択肢の中で最も近いのは 3.23 ± 3.68 である。

よって，正解は ③ である。

〔2〕 **27** ………………………………………………… 正解 ③

帰無仮説 $\mu = 0$，対立仮説 $\mu > 0$ の仮説検定の t 値は

$$t = \frac{\overline{X} - \mu}{\hat{\sigma}/\sqrt{n}} = \frac{3.23 - 0}{8.72/\sqrt{24}} = 1.8146$$

である。

①：適切でない。t 分布のパーセント点の表から $t_{0.01}(23) = 2.500$ であることに注意すると，有意水準 1 %の片側検定における棄却域は，

$$t > 2.500$$

となる。したがって，有意水準 1 %では棄却できない。

②：適切でない。同様にして，有意水準 2.5 %の片側検定における棄却域は，

$$t > t_{0.025}(23) = 2.069$$

となる。したがって，有意水準 2.5 %では棄却できない。

③：適切である。同様にして，有意水準 5 %の片側検定における棄却域は，

$$t > t_{0.05}(23) = 1.714$$

となる。したがって，有意水準 5 %で棄却できる（②より，有意水準 2.5 %では棄却できない）。

④：適切でない。同様にして，有意水準 10 %の片側検定における棄却域は，

$$t > t_{0.10}(23) = 1.319$$

となる。したがって，有意水準 10 %で棄却でき，③より，有意水準 5 %でも棄却できる。

⑤：適切でない。④より，有意水準 10 %で棄却できる。

よって，正解は ③ である。

問16

〔1〕 **28** ………………………………………… 正解 ②

確率変数 X は，帰無仮説 H_0 の下では標準正規分布に従う。また，第 1 種過誤とは，H_0 の下で H_0 を棄却する誤りなので，

$$第 1 種過誤の確率 = P\left(X \geq 0.8|H_0\right) = Q\left(0.8\right) = 0.2119$$

となる。ここで，標準正規分布に従う確率変数 Z に対して $Q(x) = P(Z \geq x)$ である。一方，確率変数 $X-1$ は，対立仮説 H_1 の下では標準正規分布に従う。また，第 2 種過誤の確率とは，H_1 の下で H_0 を受容する誤りなので，

$$\begin{aligned}
第 2 種過誤の確率 &= P\left(X < 0.8|H_1\right) \\
&= P\left(X-1 < 0.8-1|H_1\right) \\
&= P\left(X-1 < -0.2|H_1\right) \\
&= P\left(X-1 > 0.2|H_1\right) \\
&= Q\left(0.2\right) = 0.4207
\end{aligned}$$

となる。

よって，正解は ② である。

〔2〕 **29** ………………………………………… 正解 ①

〔1〕の結果から，$x_0 = 0.8$ のときの点 P の座標は $(0.4207,\ 0.7881)$ となる。一般の x_0 については，

$$\alpha\left(x_0\right) = Q\left(x_0\right),\quad \beta\left(x_0\right) = Q\left(1-x_0\right)$$

であるから，点 P の座標は $\left(Q\left(1-x_0\right), 1-Q\left(x_0\right)\right)$ となる。x_0 が 0 から 1 まで増加するとき，$Q\left(1-x_0\right), 1-Q\left(x_0\right)$ はともに増加する。具体的には，

- $x_0 = 0.0$ のとき，$(0.1587,\ 0.5000)$
- $x_0 = 0.5$ のとき，$(0.3085,\ 0.6915)$
- $x_0 = 0.8$ のとき，$(0.4207,\ 0.7881)$
- $x_0 = 1.0$ のとき，$(0.5000,\ 0.8413)$

などとなる。$x_0 = t$ のときの点 P の座標を $P(t)$ とし，2 点 $\mathrm{P}(t_1)$，$\mathrm{P}(t_2)$ を結ぶ直線の傾きを m_{t_1,t_2} とおくと

$$m_{0,0.5} = \frac{0.6915-0.5000}{0.3085-0.1587} = 1.27837$$

$$m_{0,1.0} = \frac{0.8413-0.5000}{0.5000-0.1587} = 1.00000$$

となる。つまり，2点P(0.0)，P(1.0)を結ぶ直線よりも点P(0.5)は座標平面上の左上に位置することがわかる。以上の条件を満たすグラフは①のみである。

よって，正解は①である。

〔3〕 **30** ……………………………………………… 正解 ②

$\alpha(x_0)+\beta(x_0)$ を最小にすることは，$k=1-\alpha(x_0)-\beta(x_0)$ を最大にすることと同値である。〔2〕の正解であるグラフ①上の点 $(\beta(x_0), 1-\alpha(x_0))$ と点 $(\beta(x_0), \beta(x_0))$ の間の距離が k で，これを最大にする x_0 が求める値である。

〔2〕で計算した値から，$x_0=0$ と $x_0=1$ のとき $k=0.3413$ となり，$x_0=0.5$ のとき $k=0.3830>0.3413$ となる。また，形状から，$0<x_0<1$ のどこかで最大値をとることがわかる。この条件を満たす選択肢は②のみである。

よって，正解は②である。

（参考）ある1点のみが答えであることを示すには，〔2〕の①が上に凸のグラフであることを利用することになる。ここでは，グラフが上に凸であることを正確に示すことができないが，形状から $k=1-\alpha(x_0)-\beta(x_0)$ のグラフも上に凸であることが想像でき，$0<x_0<1$ のある1点で k が最大になることがわかる。

一方，確率変数 X は分散が等しい正規分布に従っているため，帰無仮説の $\theta=0$ と対立仮説 $\theta=1$ の平均である $x_0=0.5$ において，$\alpha(x_0)+\beta(x_0)$ が最小となることは，2つの正規分布を描くことで確認できる。

（コメント）この問題はROC曲線 (Receiver Operatorating Characteristic curve) をイメージした問題である。ROC曲線では，x_0 を実数全体で動かす必要があるが，本問ではより簡単にするため，x_0 を0から1まで動かした。これにより，グラフの端点である $x_0=0.0$ のときと，$x_0=1.0$ のときのPの座標を計算し，さらに，$x_0=0.5$ のときのPの座標を計算することで，Pの軌跡が単調増加かつ上に凸な関数のグラフであることがイメージできる。

ただし，本問では一般的な統計学の教科書の表記とは以下の点で異なるため注意が必要である。

ROC曲線は，横軸が「偽陽性率」，縦軸が「真陽性率」とするのが通常である。ここで，偽陽性率とは，帰無仮説の下で帰無仮説を棄却する確率であり，第1種過誤の確率を表す。また，真陽性率とは，検出力であり，1－(第2種過誤の確率)を表す。よって，座標平面上に

$$\mathrm{P}(\alpha(x_0), 1-\beta(x_0))$$

をプロットした曲線が正しいROC曲線である。

問17

〔1〕 **31** ………………………………………………… 正解 ②

推定結果から，予測式として

$$y = 16.653 + 2.255 \times C + 4.450 \times U + 7.180 \times G$$

が得られる。

Ⅰ：誤り。この重回帰モデルでは，切片 β_1 が高校卒の初任給を表しているので，高校卒の学歴と初任給の関係はわかる。また，$y = \gamma_1 + \gamma_2 H + \gamma_3 C + \gamma_4 U + \gamma_5 G + v$ とモデリングすると，常に $H + C + U + G = 1$ という線形関係すなわち多重共線性問題が生じてしまうため，ダミー変数 H を追加してはいけない。

Ⅱ：正しい。大卒の初任給の予測値が $16.653 + 4.450$，大学院修士課程修了の初任給の予測値が $16.653 + 7.180$ であるから，$7.180 - 4.450 = 2.73$ 万円高い傾向がある。

Ⅲ：誤り。この重回帰分析における検定統計量は，各回帰係数が 0 であるという帰無仮説の下で，自由度 $16 - 3 - 1 = 12$ の t 分布に従う。

以上から，正しい記述はⅡのみなので，正解は ② である。

〔2〕 **32** ………………………………………………… 正解 ①

推定結果から，予測式として

$$\text{初任給} = 2.323 + 1.187 \times \text{教育年数}$$

が得られる。

Ⅰ：正しい。予測式より，教育年数が 1.0 大きくなれば，初任給は 1.187（万円）増加する傾向があることがわかる。

Ⅱ：誤り。y の総平方和を S_y，残差平方和を S_e とし，標本サイズを n，説明変数の個数を p としたとき，決定係数 (R^2) および自由度調整済み決定係数 (R^{*2}) は

$$R^2 = 1 - \frac{S_e}{S_y}, \quad R^{*2} = 1 - \frac{S_e/(n-p-1)}{S_y/(n-1)}$$

となる。単回帰モデルの場合，$p = 1$ であるから，決定係数と自由度調整済み決定係数は等しくない。

Ⅲ：誤り。自由度 14 の t 分布に従う確率変数を $t(14)$ とすると，両側検定の場合の P-値は，$P(|t(14)| > 1.434) = 0.174$ である。一方，片側検定の場合の P-値は半分となり，$P(t(14) > 1.434) = 0.087 \neq 0.174$ である。

以上から，正しい記述はＩのみなので，正解は ① である。

〔3〕 **33** ……………………………………………… 正解 ⑤

Ｉ：誤り。決定係数は，説明変数の個数の等しいモデル間の比較には利用できるが，説明変数の個数が異なるモデル間の比較には利用できず，自由度調整済み決定係数で比較すべきである。自由度調整済み決定係数で比較した場合，単回帰モデルの方が大きいため，単回帰モデルを選択すべきである。

Ⅱ：正しい。重回帰モデルでは，各回帰係数の推定値が異なるため，学歴の変化に応じた初任給の変化の大きさは異なる。一方，単回帰モデルの場合，教育年数が１年増えると初任給は一定額（1.187 万円）上がる傾向があり，高専・短大卒から大学卒への変化と，大学卒から大学院修士課程修了への変化はともに x が２増加することに対応しているため，初任給の変化は等しい。

Ⅲ：正しい。記述Ⅱと関連するが，学歴ダミー変数を使った重回帰モデルでは，中学卒のデータを加えて新たなモデルで回帰係数を推定しない限り，中学卒という学歴の初任給を予測することはできない。文中にあるように，推定された単回帰モデルの予測式に $x = 9$ を代入すれば形式的には予測できるが，外挿になるので注意が必要である。

以上から，正しい記述はⅡ，Ⅲのみなので，正解は ⑤ である。

問18

〔1〕 **34** ……………………………………………… 正解 ⑤

それぞれのパラメータ $(\alpha,\ \beta_1,\ \beta_2)$ の P-値 $(\mathrm{Pr}(>|t|))$ は，すべて 0.05 よりも小さく，有意水準５％で有意な係数であると判断される。

よって，正解は ⑤ である。

〔2〕 **35** ……………………………………………… 正解 ③

出力結果から，予測式として

$$
\begin{aligned}
&(1\text{ 人当たり小売店舗事業所数}) \\
&\quad = 0.008435 - 0.0077833 \times (1\text{ 人当たり乗用車数}) \\
&\qquad + 0.0310015 \times (1\text{ 人当たり貨物車数})
\end{aligned}
$$

が得られる。

①：適切でない。一般に，Adjusted R-squared（自由度調整済み決定係数）の値は，Multiple R-squared（決定係数）の値よりも小さく，正規分布に従うかどうかは関係ない。

②：適切でない。t value（t-値）とは，対応する変数が 0 であるという帰無仮説の下での両側検定の検定統計量の実現値であり，変数の説明力を表している訳ではない。

③：適切である。重回帰モデルにおいて，他の説明変数の値を同じとした場合，該当する説明変数の値が与える影響は，回帰係数の値で表される。1 人当たり乗用車数の回帰係数の推定値は負であるので，1 人当たり貨物車数が同じ値である場合には，1 人当たり乗用車数が多い都道府県では，1 人当たり小売店舗事業所数は少ない傾向がある。

④：適切でない。F-statistic の値（F-値）は，モデルの中に説明力のある変数が含まれているかを判断する検定（F 検定）に用いられる。つまり，定数項を含まない係数が 0 であるという帰無仮説の検定に用いられる。

⑤：適切でない。重回帰分析で変数選択を行うときには，Multiple R-squared（決定係数）の値よりも Adjusted R-squared（自由度調整済み決定係数）の値が大きいモデルを選択すべきである。

よって，正解は ③ である。

PART 4

2級
2018年11月
問題／解説

2018年11月に実施された
統計検定2級で実際に出題された問題文を掲載します。
問題の趣旨やその考え方を理解できるように、
正解番号だけでなく解説を加えました。

※実際の試験では統計数値表が問題文の末尾にあります。本書では巻末に「付表」として掲載しています。

問 1　1952 年，1985 年，2017 年の都道府県別の大学数のデータから相対度数分布表（単位：%）を作成したところ，次の表を得た。なお，小数点以下 2 位を四捨五入している。また，1972 年 5 月 15 日に沖縄返還が行われたため，1952 年と 1985 年，2017 年は都道府県の総数が異なっている。

都道府県別大学数	1952 年	1985 年	2017 年
0 校以上 20 校未満	97.8	85.1	76.6
20 校以上 40 校未満	0.0	（ア）	17.0
40 校以上 60 校未満	0.0	0.0	（イ）
60 校以上 80 校未満	2.2	0.0	0.0
80 校以上 100 校未満	0.0	0.0	0.0
100 校以上 120 校未満	0.0	2.1	0.0
120 校以上 140 校未満	0.0	0.0	2.1

資料：文部科学省「学校基本調査」

〔1〕下の表中の（ア），（イ）にあてはまる数値の組合せについて，次の ① ～ ⑤ のうちから最も適切なものを一つ選べ。 **1**

① （ア） 2.1　（イ） 4.3
② （ア） 4.3　（イ） 2.1
③ （ア） 4.3　（イ）12.8
④ （ア）12.8　（イ） 2.1
⑤ （ア）12.8　（イ） 4.3

〔2〕大学数の分布を確かめるために，箱ひげ図を作成した。次の図 A，B，C は 1952 年，1985 年，2017 年のいずれかの大学数の箱ひげ図に対応している。なお，これらの箱ひげ図では，“「第 1 四分位数」－「四分位範囲」×1.5” 以上の値をとるデータの最小値，および “「第 3 四分位数」＋「四分位範囲」×1.5” 以下の値をとるデータの最大値までひげを引き，これらよりも外側の値を外れ値として○で示している。1952 年，1985 年，2017 年のデータの分布を示す箱ひげ図はそれぞれ，A，B，C のうちのどれか。下の ① ～ ⑤ のうちから最も適切なものを一つ選べ。 **2**

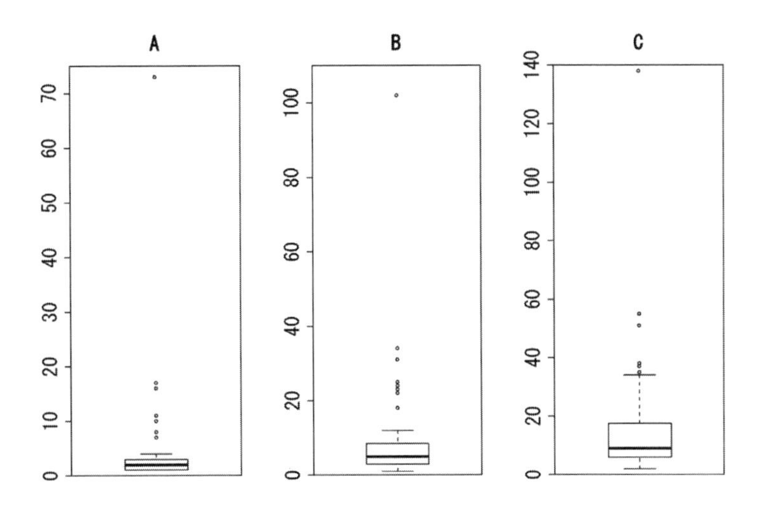

① 1952年：A，1985年：B，2017年：C

② 1952年：A，1985年：C，2017年：B

③ 1952年：B，1985年：A，2017年：C

④ 1952年：B，1985年：C，2017年：A

⑤ 1952年：C，1985年：A，2017年：B

〔3〕次の記述 I ～ III は，この箱ひげ図に関するものである。

> I. 1952年よりも1985年の方が，1985年よりも2017年の方が，四分位範囲は小さい。
>
> II. 1952年の都道府県別大学数の最大値は，1985年の都道府県別大学数の最大値の半分以下である。
>
> III. 1952年よりも1985年の方が，1985年よりも2017年の方が，中央値は大きい。

記述 I ～ III に関して，次の ① ～ ⑤ のうちから最も適切なものを一つ選べ。

3

① Iのみ正しい。　② IIのみ正しい。

③ IIIのみ正しい。　④ IとIIIのみ正しい。

⑤ IIとIIIのみ正しい。

問 2　次の図は，性別と雇用形態別に，一般労働者の年齢（5 歳ごとの階級）と 6 月の所定内給与額の平均（以下，賃金）をプロットしたものである。

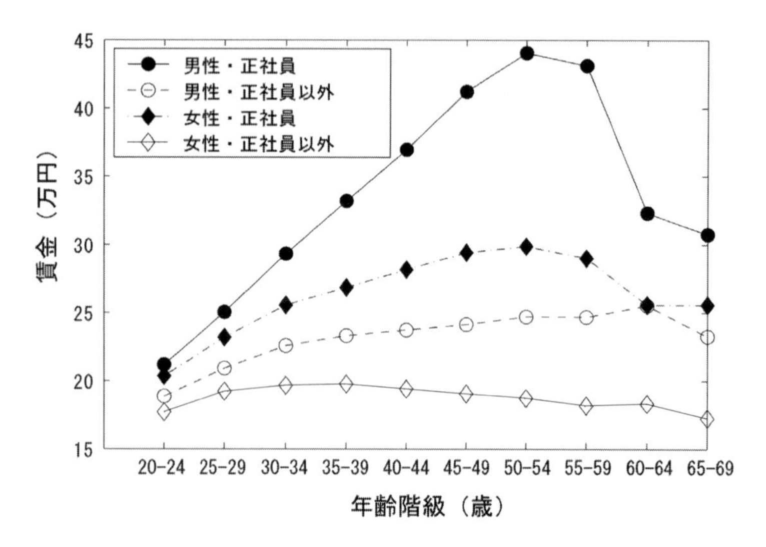

資料：厚生労働省「2016 年賃金構造基本統計調査」

年齢の階級値と賃金の相関係数を，性別と雇用形態別に計算したところ，次の表のようになった。

男性・正社員	男性・正社員以外	女性・正社員	女性・正社員以外
0.58	0.80	0.56	−0.46

次の記述 I 〜 III は，表中の相関係数に関するものである。

I. “男性・正社員” と “男性・正社員以外” を比べると，正社員の方が相関係数の絶対値は小さい。ただし，上の図より，正社員の年齢と賃金には直線関係でない関係が存在し，相関係数のみで正社員の方が年齢と賃金の関係性が強くないと判断してはいけない。

II. “女性・正社員” について，20 歳 ~54 歳のデータのみで相関係数を計算すると，0.56 より絶対値が小さくなる。

III. “女性・正社員以外” は，年齢が 1 歳上がると賃金が 0.46 万円下がることが相関係数の値よりわかる。

記述 I 〜 III に関して，次の ① 〜 ⑤ のうちから最も適切なものを一つ選べ。

4

① I のみ正しい。
② II のみ正しい。
③ III のみ正しい。
④ I と II のみ正しい。
⑤ I と II と III はすべて誤り。

問 3　次の表は，2016 年 12 月から 2017 年 12 月までの不動産価格指数（全国，住宅総合，2010 年平均を 100 としたもの）である。

年月	不動産価格指数
2016 年 12 月	（ア）
2017 年　1 月	111.7
2017 年　2 月	109.8
2017 年　3 月	111.0
2017 年　4 月	110.4
2017 年　5 月	109.8
2017 年　6 月	109.5
2017 年　7 月	110.6
2017 年　8 月	109.5
2017 年　9 月	110.3
2017 年 10 月	107.9
2017 年 11 月	109.5
2017 年 12 月	108.8

資料：国土交通省「不動産価格指数」

〔1〕2017 年 1 月の，不動産価格指数の前月比の変化率は 4.98 %であった。このとき，（ア）に入る数値はいくらか。次の ① ～ ⑤ のうちから最も適切なものを一つ選べ。 **5**

① 106.4　② 106.7　③ 110.2　④ 116.7　⑤ 117.3

〔2〕2017 年 10 月における，不動産価格指数の 3 項移動平均の計算式として，次の ① ～ ⑤ のうちから最も適切なものを一つ選べ。 **6**

① $\dfrac{110.6 + 107.9 + 108.8}{3}$

② $\dfrac{2 \times 110.3 + 107.9 + 2 \times 109.5}{5}$

③ $\dfrac{110.3 + 2 \times 107.9 + 109.5}{4}$

④ $\dfrac{110.3 + 107.9 + 109.5}{3}$

⑤ $\dfrac{109.5 + 110.3 + 107.9 + 109.5 + 108.8}{5}$

問4　次の表は，2016年および2017年における「梨」と「ぶどう」の1世帯当たり（全国，二人以上の世帯）の年間の購入数量（g）および平均価格（円/100g）である。

	2016年		2017年	
	購入数量	平均価格	購入数量	平均価格
梨	3827	48.86	3686	49.30
ぶどう	2422	107.09	2309	115.36

資料：総務省「家計調査」

2016年を基準年（指数を100とする）として,「梨」と「ぶどう」の2種類の価格からラスパイレス価格指数を作成する場合，2017年の指数を求める計算式はどれか。次の①～⑤のうちから適切なものを一つ選べ。 **7**

① $\dfrac{49.30 \times 3686 + 115.36 \times 2309}{48.86 \times 3827 + 107.09 \times 2422} \times 100$

② $\dfrac{49.30 \times 3827 + 115.36 \times 2422}{48.86 \times 3827 + 107.09 \times 2422} \times 100$

③ $\dfrac{49.30 \times 3686 + 115.36 \times 2309}{48.86 \times 3686 + 107.09 \times 2309} \times 100$

④ $\dfrac{49.30 \times 3686 + 115.36 \times 2309}{49.30 \times 3827 + 115.36 \times 2422} \times 100$

⑤ $\dfrac{48.86 \times 3686 + 107.09 \times 2309}{48.86 \times 3827 + 107.09 \times 2422} \times 100$

問 5　次の記述 I ～ III は，標本抽出に関するものである。

I. 大きさ n の標本を得る非復元単純無作為抽出では，各個体が標本として選ばれる確率が等しいのみではなく，母集団におけるどの n 個の個体の組が抽出される確率も等しい。

II. 母集団をいくつかの部分集団（層）に分割（層別）し，層ごとに無作為抽出を行う層化（層別）抽出は，各層からの標本サイズにかかわらず，単純無作為抽出よりも母集団平均の推定量の分散を小さくすることができる。

III. 母集団がいくつかの部分集団（層）に分割（層別）される場合，母集団からの単純無作為抽出では，特定の層からのデータが得られない可能性がある。

記述 I ～ III に関して，次の ① ～ ⑤ のうちから最も適切なものを一つ選べ。 **8**

① I のみ正しい。
② I と II のみ正しい。
③ I と III のみ正しい。
④ I と II と III はすべて正しい。
⑤ I と II と III はすべて誤り。

問 6　次の記述は，ある都道府県における世帯調査に関するものである。

最初に市区町村を無作為に抽出し，抽出された市区町村から世帯を無作為に抽出した。

この抽出方法は，なんという方法であるか。次の ① ～ ⑤ のうちから最も適切なものを一つ選べ。 **9**

① 単純無作為抽出
② 二段抽出
③ 集落（クラスター）抽出
④ 層化（層別）抽出
⑤ 系統抽出

問 7　いろいろな動物の絵がプリントされているクッキーを，工場 A と工場 B で生産している。工場 A で製造されたクッキーの箱の中には 2 %の確率でカモノハシの絵がプリントされているクッキーが入っており，工場 B で製造されたクッキーの箱の中には 8 %の確率でカモノハシの絵がプリントされているクッキーが入っている。ある商店では全商品のうち，70 %を工場 A から，30 %を工場 B から仕入れている。

〔1〕仕入れたクッキーの箱を無作為に 1 個抽出する。このクッキーの箱の中にカモノハシの絵がプリントされているクッキーが入っている確率はいくらか。次の ① ～ ⑤ のうちから最も適切なものを一つ選べ。 **10**

① 0.027　② 0.038　③ 0.050　④ 0.061　⑤ 0.073

〔2〕仕入れたクッキーの箱を無作為に 1 個抽出したところ，箱の中にカモノハシの絵がプリントされているクッキーが入っていた。このとき，このクッキーが工場 A で製造された確率はいくらか。次の ① ～ ⑤ のうちから最も適切なものを一つ選べ。 **11**

① 0.257　② 0.368　③ 0.521　④ 0.630　⑤ 0.756

問 8　U を平均 0，分散 1 の正規分布に従う確率変数とする。また x を実数とし，

$$Y = 0.3 + 2x + U$$

とおく。

〔1〕 $P(Y \geq 0) = 0.95$ となる x として，次の ①～⑤ のうちから最も適切なものを一つ選べ。 **12**

① -0.97　　② -0.15　　③ 0.32　　④ 0.67　　⑤ 0.95

〔2〕 Y の上側 5 %点と x の関係を表すグラフとして，次の ①～⑤ のうちから最も適切なものを一つ選べ。 **13**

①

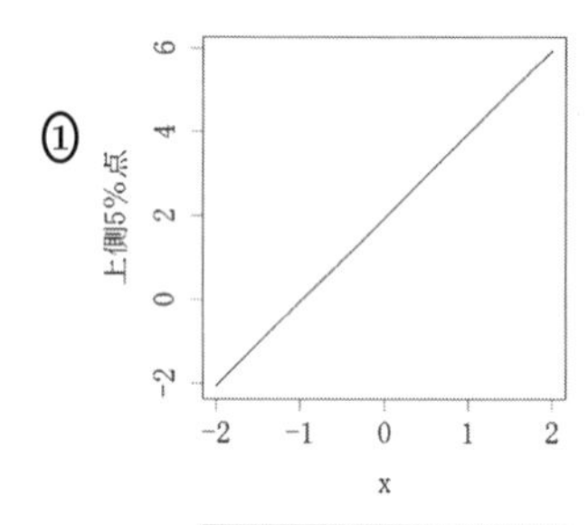

②

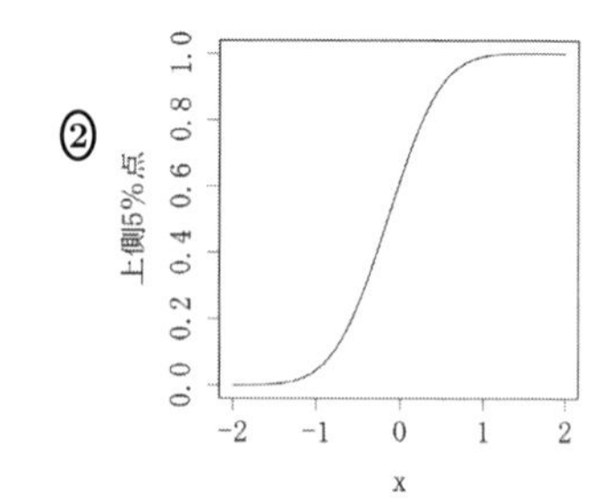

③

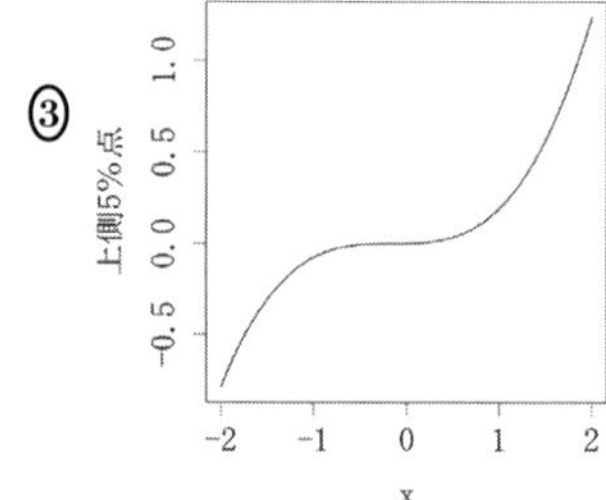

④

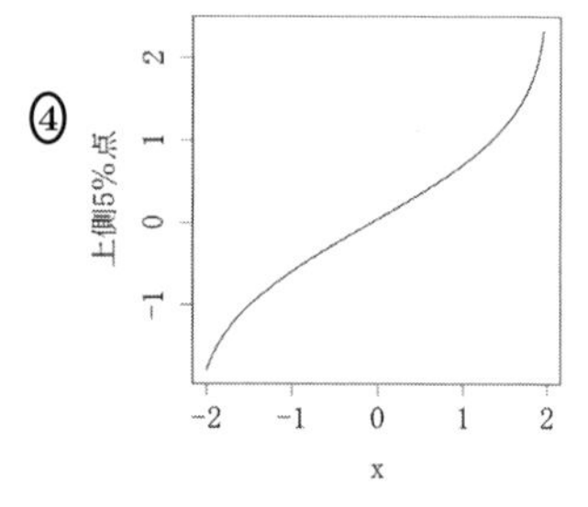

⑤

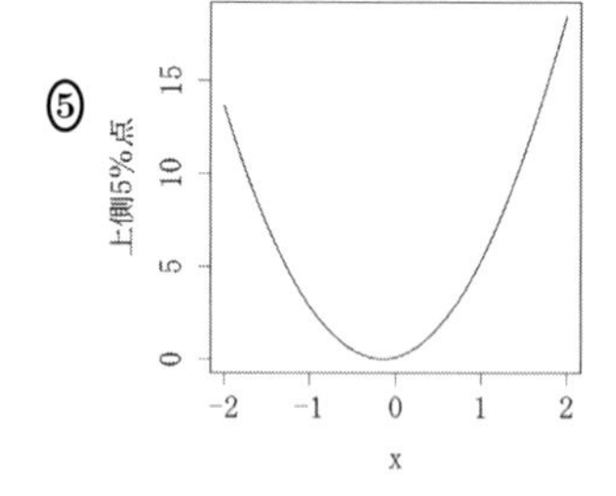

問 9　1 から 6 の目が等しい確率で出るサイコロを 7 回投げるとき，2 以下の目が出る回数を X とする。

〔1〕$P(X = x+1)$ と $P(X = x)$ の比は，下のようになる（ただし，$x = 0, 1, \ldots, 6$）。

$$\frac{P(X = x + 1)}{P(X = x)} = \frac{-x + a}{2x + b}$$

a, b に入る数字の組合せとして，次の ①～⑤ のうちから適切なものを一つ選べ。 **14**

① $a = 5,\ b = 3$　② $a = 7,\ b = 2$　③ $a = 9,\ b = 3$
④ $a = 9,\ b = 5$　⑤ $a = 9,\ b = 7$

〔2〕$P(X = x)$ が最大になる x（ただし，$x = 0, 1, \ldots, 7$）として，次の ①～⑤ のうちから適切なものを一つ選べ。 **15**

① 1　② 2　③ 3　④ 4　⑤ 5

問 10　確率変数 $X_1, X_2, \ldots, X_n$ は互いに独立で，期待値が μ，分散が σ^2 であるとする。標本平均を

$$\overline{X} = \frac{1}{n}\sum_{i=1}^{n} X_i$$

とする。次の文章は，標本平均 $\overline{X}$ に関するものである。

> $\overline{X}$ の期待値は（ア），分散は（イ）である。

文中の（ア），（イ）にあてはまるものの組合せとして，次の ①～⑤ のうちから適切なものを一つ選べ。 **16**

① （ア）μ　（イ）σ^2
② （ア）$\dfrac{\mu}{n}$　（イ）σ^2
③ （ア）μ　（イ）$\dfrac{\sigma^2}{n}$
④ （ア）$\dfrac{\mu}{n}$　（イ）$\dfrac{\sigma^2}{n}$
⑤ （ア）μ　（イ）$\dfrac{\sigma^2}{n^2}$

問 11 分布の非対称性の大きさを表す指標として歪度があり，分布の尖り具合もしくは裾の広がり具合を表す指標として尖度がある。確率変数 X の平均を $\mu = E[X]$，分散を $\sigma^2 = V[X]$ とし，平均まわりの 3 次モーメント μ_3 および 4 次モーメント μ_4 をそれぞれ

$$\mu_3 = E[(X-\mu)^3], \qquad \mu_4 = E[(X-\mu)^4]$$

とすると，歪度および尖度は次式で定義される (ただし，$\sigma > 0$)。

$$\text{歪度} = \mu_3/\sigma^3, \qquad \text{尖度} = \mu_4/\sigma^4 - 3$$

〔1〕確率変数 X が正規分布に従うとき，歪度および尖度の符号の組合せとして，次の ① ～ ⑤ のうちから適切なものを一つ選べ。 **17**

① 歪度 $= 0$，　尖度 $= 0$
② 歪度 $= 0$，　尖度 > 0
③ 歪度 $= 0$，　尖度 < 0
④ 歪度 > 0，　尖度 < 0
⑤ 歪度 < 0，　尖度 > 0

〔2〕確率変数 X が一様分布 $U(-1,1)$ に従うとき，歪度および尖度の値の組合せとして，次の ① ～ ⑤ のうちから最も適切なものを一つ選べ。 **18**

① 歪度 $= -3\sqrt{3}/8$，　尖度 $= 1.8$
② 歪度 $= 3\sqrt{3}/8$，　尖度 $= 1.8$
③ 歪度 $= 3\sqrt{3}/8$，　尖度 $= -1.2$
④ 歪度 $= 0$，　尖度 $= 1.2$
⑤ 歪度 $= 0$，　尖度 $= -1.2$

〔3〕次の記述 I ～ III は，歪度および尖度に関するものである。

I. 右に裾が長い分布では歪度は負の値になり，左に裾が長い分布では歪度は正の値になる。

II. 正規分布と比較して，中心部が平坦で裾が短い分布の尖度は正の値となり，尖っていて裾の長い分布の尖度は負の値となる。

III. 自由度 $\nu(\nu > 3)$ の t 分布の歪度は 0 になり，自由度 $\nu(\nu > 4)$ の t 分布において自由度が大きいほど尖度の絶対値は大きくなる。

記述 I ～ III に関して，次の ① ～ ⑤ のうちから最も適切なものを一つ選べ。

19

① I のみ正しい。
② I と II のみ正しい。
③ I と III のみ正しい。
④ I と II と III はすべて正しい。
⑤ I と II と III はすべて誤り。

問 12　次の表は，2017 年に実施された，JR 北海道の利用状況に関する調査結果である。調査は北海道の 18 歳以上の男女 2067 人に行われ，回答数は 1338 人であった。この調査結果は，母集団を北海道の 18 歳以上の男女とし，標本サイズ 1338 の単純無作為抽出に基づくものとみなす。

利用頻度	割合
ほぼ毎日	2.0%
週に数回程度	2.5%
月に数回程度	9.0%
年に数回程度	26.8%
ほとんど利用しない	58.9%
わからない，無回答	0.8%

資料：NHK 放送文化研究所「北海道 路線見直しに関する意識調査」

ほぼ毎日利用した人の割合の 95%信頼区間として，次の ① ～ ⑤ のうちから最も適切なものを一つ選べ。 **20**

① 0.020 ± 0.002　② 0.020 ± 0.008　③ 0.020 ± 0.014
④ 0.020 ± 0.020　⑤ 0.020 ± 0.026

問 13　ある農家では，じゃがいもの生産を行っている。この農家において収穫されたじゃがいもを無作為に 20 個抽出したところ，重量（g）の標本平均は 85.6，不偏分散は 121.9 であった。

次の文章は，じゃがいもの重量についての検定に関するものである。

> じゃがいもの重量は正規分布に従うと仮定して，じゃがいもの重量の母平均を μ，母分散を σ^2 とする。帰無仮説を $\mu = 90$，対立仮説を $\mu \neq 90$ として，有意水準を 5%とする母平均の両側検定を行う。検定統計量を t とすると，t の計算式は（ア）である。また，棄却域は（イ）である。したがって，帰無仮説を（ウ）。

文中の（ア），（イ），（ウ）にあてはまるものの組合せとして，次の ①～⑤ のうちから適切なものを一つ選べ。 **21**

① （ア） $t = \dfrac{85.6 - 90}{\sqrt{121.9}}$　（イ） $|t| > 1.729$　（ウ） 棄却しない

② （ア） $t = \dfrac{85.6 - 90}{\sqrt{121.9}}$　（イ） $|t| > 2.093$　（ウ） 棄却しない

③ （ア） $t = \dfrac{85.6 - 90}{\sqrt{121.9/20}}$　（イ） $|t| > 2.086$　（ウ） 棄却しない

④ （ア） $t = \dfrac{85.6 - 90}{\sqrt{121.9/20}}$　（イ） $|t| > 2.093$　（ウ） 棄却しない

⑤ （ア） $t = \dfrac{85.6 - 90}{\sqrt{121.9}/20}$　（イ） $|t| > 1.725$　（ウ） 棄却する

問 14　ある工場の実験室の温度（℃）を 3 つの条件 A，B，C の下で比較する。それぞれの条件下での温度の分布は，正規分布に従っているとする。

〔1〕「条件 A，B の下での温度の分布の分散が等しい」という帰無仮説を有意水準 5%で検定するために，それぞれの条件下で繰り返し実験を行ったところ，以下のようになった。

条件	繰り返し数	平均	不偏分散
A	30	18.0	21.9
B	31	24.8	20.4

検定統計量として，不偏分散の比を使うことにする。今回のデータから計算された値は，21.9/20.4 ≒ 1.1 になるが，これを自由度 (m_1, m_2) の F 分布の上側 2.5%点および下側 2.5%点と比較して，帰無仮説を棄却するかどうかを決める。(m_1, m_2) の組合せとして，次の ① ～ ⑤ のうちから適切なものを一つ選べ。

22

① $m_1 = 30,\ m_2 = 31$

② $m_1 = 31,\ m_2 = 32$

③ $m_1 = 31,\ m_2 = 30$

④ $m_1 = 29,\ m_2 = 32$

⑤ $m_1 = 29,\ m_2 = 30$

〔2〕ここで「A，B，C の各条件の下で温度の分布の分散がすべて等しい」という帰無仮説 H_0 を検定する際に，A と B，A と C，B と C のそれぞれの組合せで，2 つの分布の分散が等しいという帰無仮説を有意水準 5%で検定し，3 つの検定のどれかで仮説が棄却されれば，H_0 を棄却することにした。ただし，標本は，3 つの検定ごとに新たに採取し，3 つの検定の結果は互いに独立とする。この検定の方法で，第一種の過誤の確率はいくらか。次の ① ～ ⑤ のうちから最も適切なものを一つ選べ。 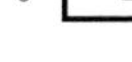

① 0.01　　② 0.05　　③ 0.10　　④ 0.14　　⑤ 0.18

問 15 ある工場の担当者が，A 社と B 社のいずれかのメーカーからある部品の製作機械を仕入れることにした。不良品率の小さい機械を仕入れたいので，それぞれの製品の不良品率を電話で尋ねたところ，A 社も B 社も 5%，という回答であった。これらの回答が正しいかどうかを確認するため，それぞれの機械で 200 個の部品を試作してもらい，実際に不良品率を検査することにした。A 社の機械による 200 個の試作品に混入する不良品の個数を X として，以下の問いに答えよ。

〔1〕A 社の回答が正しいと仮定したとき，確率変数 X が従う分布および，その期待値と分散の組合せとして，次の ①～⑤ のうちから最も適切なものを一つ選べ。 **24**

① 分布：ポアソン分布，平均：9.5，分散：9.5
② 分布：ポアソン分布，平均：10.0，分散：10.0
③ 分布：二項分布，平均：10.0，分散：9.5
④ 分布：二項分布，平均：10.0，分散：10.0
⑤ 分布：幾何分布，平均：10.0，分散：10.0

〔2〕A 社の試作品 200 個のうち実際に不良品は 16 個あった。不良品率を r として，帰無仮説を $r = 0.05$，対立仮説を $r > 0.05$ として検定を行う。連続修正を行わない場合の P-値として，次の ①～⑤ のうちから最も適切なものを一つ選べ。 **25**

① 0.001　② 0.026　③ 0.13　④ 0.26　⑤ 0.52

〔3〕A 社に加えて，B 社の試作品 200 個も調べてみると，不良品は 17 個あった。A，B 両社の不良品率の差を d として，帰無仮説を $d = 0$，対立仮説を $d \neq 0$ として検定を行う。このときの連続修正を行わない場合の P-値として，次の ①～⑤ のうちから最も適切なものを一つ選べ。 **26**

① 0.05　② 0.20　③ 0.45　④ 0.64　⑤ 0.86

問 16　次の表は，ある警察署管轄区内における（日曜日を除く）曜日別の交通事故発生件数である。

曜日	月	火	水	木	金	土	計
発生件数	14	19	15	22	16	16	102

この警察署管轄区内での交通事故発生率について，「発生率は曜日に依存しない」を帰無仮説として有意水準 5％の適合度検定を行う。

〔1〕この適合度検定における χ^2 統計量の計算式として，次の ①～⑤ のうちから適切なものを一つ選べ。 **27**

① $\chi^2 = \dfrac{(14-17)^2+(19-17)^2+(15-17)^2+(22-17)^2+2\times(16-17)^2}{17}$

② $\chi^2 = \dfrac{(14-17)^2+(19-17)^2+(15-17)^2+(22-17)^2+2\times(16-17)^2}{17^2}$

③ $\chi^2 = \dfrac{14^2+19^2+15^2+22^2+2\times16^2-6\times17}{17}$

④ $\chi^2 = \dfrac{14^2+19^2+15^2+22^2+2\times16^2}{17^2}$

⑤ $\chi^2 = \dfrac{14^2+19^2+15^2+22^2+2\times16^2-6\times17}{102}$

〔2〕次の文章は，上記の χ^2 統計量に基づく有意水準 5％の適合度検定に関するものである。

> χ^2 統計量は帰無仮説の下で近似的に（ア）に従う。したがって，有意水準 5％で帰無仮説を（イ）。

文中の（ア），（イ）にあてはまるものの組合せとして，次の ①～⑤ のうちから適切なものを一つ選べ。ただし，設問〔1〕の選択肢 ①～⑤ の値は，それぞれ約 2.59, 0.15, 98.59, 6.15, 16.43 であることを用いてよい。 **28**

① （ア） 自由度 1 の χ^2 分布　（イ） 棄却しない
② （ア） 自由度 5 の χ^2 分布　（イ） 棄却する
③ （ア） 自由度 5 の χ^2 分布　（イ） 棄却しない
④ （ア） 自由度 6 の χ^2 分布　（イ） 棄却する
⑤ （ア） 自由度 6 の χ^2 分布　（イ） 棄却しない

問 17 世界各国のデータを用いて次の重回帰モデルを推定した。

$$\text{自動車普及率} = \alpha + \beta_1 \times \text{人口密度} + \beta_2 \times \log(1\ \text{人当たり GDP}) + \text{誤差項}$$

ここで,「自動車普及率」は人口 1000 人当たりの自動車台数,「人口密度」は面積 1 平方キロメートル当たりの人口,「1 人当たり GDP」は 1 人当たりの国内総生産（単位:ドル）, log は自然対数であり, 誤差項は, 互いに独立に正規分布 $N(0, \sigma^2)$ に従うとする。

資料：総務省統計局「世界の統計 2018」

統計ソフトウェアを利用して, 人口密度, 1 人当たり GDP にそれぞれ対応する変数 population, gdp を作成し, 上記の重回帰モデルを最小 2 乗法で推定したところ, 次の出力結果を得た。なお, 出力結果の一部を削除している。

出力結果

```
Coefficients:
              Estimate    Std. Error    t value    Pr(>|t|)
(Intercept) -1.283e+03    1.137e+02    -11.278    1.39e-15
population  -6.617e-02    1.046e-02     -6.326    5.87e-08
log(gdp)     1.757e+02    1.175e+01     14.959     < 2e-16
---

Residual standard error: 103.5 on 52 degrees of freedom
Multiple R-squared: 0.821,    Adjusted R-squared: 0.8141
F-statistic: 119.2 on 2 and 52 DF,    p-value: < 2.2e-16
```

〔1〕分析に用いた国の数として, 次の ① ～ ⑤ のうちから適切なものを一つ選べ。

29

① 52　　② 53　　③ 54　　④ 55　　⑤ 56

〔2〕次の記述Ⅰ～Ⅲは，この出力結果に関するものである。

Ⅰ. α の推定値の標準誤差は 11.75 である。

Ⅱ. パラメータ α, β_1, β_2 はそれぞれ有意水準 5％で 0 と異なる。

Ⅲ. 自由度調整済み決定係数の値は 0.821 である。

記述Ⅰ～Ⅲに関して，次の①～⑤のうちから最も適切なものを一つ選べ。

30

① Ⅰのみ正しい。
② Ⅱのみ正しい。
③ Ⅲのみ正しい。
④ ⅠとⅡのみ正しい。
⑤ ⅡとⅢのみ正しい。

〔3〕次の記述Ⅰ～Ⅲは，この出力結果に関するものである。

Ⅰ. 1人当たり GDP が同じ値である場合，人口密度が高い国では，自動車普及率は低い傾向がある。

Ⅱ. 人口密度が同じ値である場合，1人当たり GDP が高い国では，自動車普及率は高い傾向がある。

Ⅲ. 人口密度が 400，log(1人当たり GDP) が 10 のとき，自動車普及率の予測値は約 448 である。

記述Ⅰ～Ⅲに関して，次の①～⑤のうちから最も適切なものを一つ選べ。

31

① ⅠとⅡのみ正しい。
② ⅡとⅢのみ正しい。
③ ⅠとⅢのみ正しい。
④ ⅠとⅡとⅢはすべて正しい。
⑤ ⅠとⅡとⅢはすべて誤り。

問 18　次の表は，二人以上の世帯のうち勤労者世帯の平成 28 年（2016 年）3 月の 1 世帯当たりの実収入と教養娯楽サービス，酒類への支出金額を，現金実収入に関する五分位階級別でまとめたものである。ここで,「教養娯楽サービス」とは，旅行費や月謝などのことである。

現金実収入五分位階級別 1 世帯当たり
1 か月間の実収入と教養娯楽サービス，酒類への支出金額（単位：万円）

階級	実収入	教養娯楽サービスへの支出金額	酒類への支出金額
第 I	11.986	0.984	0.250
第 II	30.328	1.303	0.281
第 III	41.859	1.469	0.297
第 IV	53.744	2.198	0.328
第 V	87.431	3.468	0.329

資料：総務省「家計調査」

〔1〕教養娯楽サービスへの支出金額 y を被説明変数，酒類への支出金額 x を説明変数，互いに独立に正規分布 $N(0, \sigma_u^2)$ に従う誤差項を u とする単回帰モデル

$$y = a + bx + u$$

を最小 2 乗法で推定したところ次の表のようになった。ここで，$\hat{\sigma}_u$ は，残差の標準誤差（誤差項の分散の不偏推定値の正の平方根）である。

回帰統計	
重相関係数	0.847
決定係数	0.718
自由度調整済み決定係数	0.624
$\hat{\sigma}_u$	0.608
観測数	5

	係数	標準誤差	t	P-値
切片	−5.592	2.719	−2.057	0.132
x	25.173	9.109	2.764	0.070

次の記述 I ～ III は，この推定結果に関するものである。

I. 残差平方和（小数点以下第 2 位を四捨五入）は 1.1 である。

II. 単位を円にする（つまりすべての値を 1 万倍する）と，切片の t-値は 1 万倍になる。

III. 単位を円にする（つまりすべての値を 1 万倍する）と，切片の推定値は 1 万倍になる。

記述Ⅰ～Ⅲに関して，次の①～⑤のうちから最も適切なものを一つ選べ。

32

① Ⅰのみ正しい。
② Ⅱのみ正しい。
③ Ⅲのみ正しい。
④ ⅠとⅢのみ正しい。
⑤ ⅡとⅢのみ正しい。

〔2〕教養娯楽サービスへの支出金額 y を被説明変数，酒類への支出金額 x と実収入 z を説明変数，互いに独立に正規分布 $N(0,\sigma_v^2)$ に従う誤差項を v とする重回帰モデル

$$y = a' + b'x + c'z + v$$

を最小2乗法で推定したところ次の表のようになった。ここで，$\hat{\sigma}_v$ は，残差の標準誤差（誤差項の分散の不偏推定値の正の平方根）である。なお，x と z の相関係数は0.906である。

回帰統計	
重相関係数	0.982
決定係数	0.965
自由度調整済み決定係数	0.930
$\hat{\sigma}_v$	0.263
観測数	5

	係数	標準誤差	t	P-値
切片	1.946	2.329	0.836	0.491
x	−6.462	9.310	−0.694	0.559
z	0.041	0.011	3.749	0.064

次の記述Ⅰ～Ⅲは，この推定結果に関するものである。

Ⅰ. 実収入 z の係数の推定値は，切片や酒類への支出 x の係数の推定値に比べて0に近い。よって，実収入は説明変数として不要である。

Ⅱ. 説明変数間の相関係数が0.906であることと，標本サイズの大きさから考えると，多重共線性の問題は無視して構わない。

Ⅲ. 酒類への支出 x の係数の P-値が0.559であることから，酒類への支出の係数が0であるという帰無仮説は，有意水準5％で棄却される。

記述Ⅰ～Ⅲに関して，次の①～⑤のうちから最も適切なものを一つ選べ。

33

① Ⅰのみ正しい。
② Ⅱのみ正しい。
③ Ⅲのみ正しい。
④ ⅠとⅢのみ正しい。
⑤ ⅠとⅡとⅢはすべて誤り。

〔3〕次の記述 I ～ III は，単回帰モデル $y = a + bx + u$ と重回帰モデル $y = a' + b'x + c'z + v$ の推定結果の比較に関するものである。

I. $y = a + bx + u$ と $y = a' + b'x + c'z + v$ において b と b' はともに x の係数であるので，これらの推定値は統計理論上は一般に同じ値になる。しかし，25.173 と −6.462 のように全く違う値になっているため，データの入力ミスをしていると言える。

II. 有意水準 10 ％のとき，b は $y = a + bx + u$ では有意で，b' は $y = a' + b'x + c'z + v$ では有意ではない。z をコントロールすると b' が有意でなくなったことと，c' が有意であることから考えると，y と x の相関は z が介在することによる見かけ上の相関（擬相関）が疑われる。

III. $y = a + bx + u$ の推定結果では，b は有意水準 10 ％で有意なので「x が 1 万円大きいとき y が 25.173 万円大きい」傾向がある。しかし，$y = a' + b'x + c'z + v$ の推定結果では，b' は有意水準 10 ％で有意でないので，「z が一定の場合，x が 1 万円大きいとき y が 6.462 万円小さくなる」と解釈される。

記述 I ～ III に関して，次の ① ～ ⑤ のうちから最も適切なものを一つ選べ。

34

① II のみ正しい。
② III のみ正しい。
③ II と III のみ正しい。
④ I と II と III はすべて正しい。
⑤ I と II と III はすべて誤り。

統計検定２級　2018年11月　正解一覧

次ページ以降に解説を掲載しています。問題の趣旨やその考え方を理解するために活用してください。

問		解答番号	正解
問１	〔1〕	1	⑤
	〔2〕	2	①
	〔3〕	3	③
問２		4	①
問３	〔1〕	5	①
	〔2〕	6	④
問４		7	②
問５		8	③
問６		9	②
問７	〔1〕	10	②
	〔2〕	11	②
問８	〔1〕	12	④
	〔2〕	13	①
問９	〔1〕	14	②
	〔2〕	15	②
問10		16	③

問		解答番号	正解
問11	〔1〕	17	①
	〔2〕	18	⑤
	〔3〕	19	⑤
問12		20	②
問13		21	④
問14	〔1〕	22	⑤
	〔2〕	23	④
問15	〔1〕	24	③
	〔2〕	25	②
	〔3〕	26	⑤
問16	〔1〕	27	①
	〔2〕	28	③
問17	〔1〕	29	④
	〔2〕	30	②
	〔3〕	31	④
問18	〔1〕	32	④
	〔2〕	33	⑤
	〔3〕	34	①

問1

〔1〕 **1** ……………………………………… 正解 ⑤

1952年，1985年，2017年の都道府県別の大学数のデータから相対度数分布表(単位：%)を作成したので，各年の相対度数の合計が100となることに注意すると，(ア)に入る数字は100−85.1−2.1 = 12.8，(イ)に入る数字は100−76.6−17.0−2.1 = 4.3であることがわかる。

よって，正解は ⑤ である。

〔2〕 **2** ……………………………………… 正解 ①

図A，図Bおよび図Cの最大値に注目すると，図Aの最大値は70を少し超えた値，図Bの最大値は100を少し超えた値，図Cの最大値は140に近い値であることがわかる。以上から，相対度数分布表と比べることによって，図Aが1952年の箱ひげ図，図Bが1985年の箱ひげ図，図Cが2017年の箱ひげ図であることがわかる。

よって，正解は ① である。

〔3〕 **3** ……………………………………… 正解 ③

Ⅰ：誤り。箱ひげ図の箱の長さが四分位範囲であるが，1952年よりも1985年の方が，1985年よりも2017年の方が大きくなっている。

Ⅱ：誤り。1952年の都道府県別大学数の最大値は70を少し超えた値であるのに対して，1985年の最大値は100を少し超えた値であり，1952年の最大値は1985年の最大値の半分より大きな値である。

Ⅲ：正しい。箱ひげ図の箱の上に描かれた線が中央値であるが，1952年（約2）よりも1985年（約5）の方が，1985年よりも2017年（約9）の方が大きくなっている。

以上から，正しい記述はⅢのみなので，正解は ③ である。

問2

4 ……………………………………… 正解 ①

Ⅰ：正しい。図を見ると，男性・正社員において，20歳から54歳までは強い直線の関係以外の関係があり，また全体では山なりの関係がみられ，線形（直線）関係をとらえる指標である相関係数（ピアソンの積率相関係数，「統計学基礎 改訂版」，pp.29-31）の値のみで一般の関係性が強くないと判断してはいけない。

Ⅱ：誤り。相関係数は上述のように線形（直線）関係をとらえる指標であるが，女性の正社員のデータを 24〜54 歳に限定すると線形（直線）関係がよりはっきり表れるため，相関係数の絶対値は大きくなる。

Ⅲ：誤り。相関係数は上述のように線形（直線）関係をとらえる指標であるが，一方の変数が変化をしたときの反応（効果）を表す指標ではない。

以上から，正しい記述はⅠのみなので，正解は ① である。

問3

〔1〕 **5** ･･････････････････････････････････････ 正解 ①

2017 年 1 月の前月比の変化率が 4.98% であることから，

$$\frac{111.7-(\text{ア})}{(\text{ア})}\times 100 = 4.98$$

を解くと（ア）≒ 106.4 が得られる。

よって，正解は ① である。

〔2〕 **6** ･･････････････････････････････････････ 正解 ④

2017 年 10 月の 3 項移動平均は，2017 年 10 月の値に前後の月の値を足した平均値の値である。

よって，正解は ④ である。

（コメント）移動平均で最もよく用いられるのは，上記のような対象とする時点の前後のデータを足して平均する中央移動平均であるが，それ以外にも対象とする時点とそれ以前の時点のデータを足して平均した後方移動平均や，逆に対象とする時点とそれ以降の時点のデータを足して平均した前方移動平均がある。

移動平均は，時系列データに含まれる不規則変動や周期的変動を取り除き，経時的な変化傾向をとらえるのに有益な手法である。

問4

7 ･･････････････････････････････････････ 正解 ②

価格指数を n 種類の財 $(i=1,\ldots,n)$ から作成する。基準年の第 i 財の価格を p_{i0}，購入数量を q_{i0} とする。同様に，比較年の価格を p_{it}，購入数量を q_{it} とする。

ラスパイレス価格指数（ラスパイレス型物価指数）は，基準年と同じ購入量を比較年も購入した場合の購入金額と基準年の購入金額の比

$$\text{ラスパイレス価格指数} = \frac{\sum_{i=1}^{n} p_{it}q_{i0}}{\sum_{j=1}^{n} p_{j0}q_{j0}} \times 100$$

として定義される（ここで，$j(=1,\ldots,n)$ は，i と同様に財の種類であり，分子の i と区別するために用いている）。

以上より，2016 年を基準年とした場合の 2017 年のラスパイレス価格指数は，

$$\frac{49.30 \times 3827 + 115.36 \times 2422}{48.86 \times 3827 + 107.09 \times 2422} \times 100$$

となる。

よって，正解は ② である。

（コメント）

$$\text{ラスパイレス価格指数} = \frac{\sum_{i=1}^{n} p_{it}q_{i0}}{\sum_{j=1}^{n} p_{j0}q_{j0}} \times 100 = \sum_{i=1}^{n} \left(\frac{p_{i0}q_{i0}}{\sum_{j=1}^{n} p_{j0}q_{j0}} \right) \times \frac{p_{it}}{p_{i0}} \times 100$$

と表されることから，ラスパイレス価格指数は基準年と比較年の第 i 財の価格比 $\frac{p_{it}}{p_{i0}}$ を，基準年の購入金額の割合

$$\frac{p_{i0}q_{i0}}{\sum_{j=1}^{n} p_{j0}q_{j0}}$$

を加重とした加重平均としても定義される。ラスパイレス指数を計算するためには，基準時点の価格 p_{i0} と購入数量 q_{i0} を調査すると，あとは比較時点での価格のデータ p_{it} があれば計算できる。一般に価格の調査はいくつかの代表例を調査することで精度の高い調査ができるのに対して，数量の調査は大規模で詳細にわたる調査が必要となり集計にも時間を要する。そのため，調査費用や速報性の観点から優れているラスパイレス価格指数が広く用いられている。

問5

8 ………………………………………………… 正解 ③

Ⅰ：正しい。大きさ N の母集団から，大きさ n の標本を非復元無作為抽出で抽出するとき，母集団に含まれる n 個の個体の組が選ばれる確率は，N 種類のものから n 個のものを取り出したときの組合せがすべて等しい確率で起こるので，$1\Big/\binom{N}{n}\ (=1/{}_NC_n)$ である。このとき，母集団における各個体が選ばれる確率は，選ばれた n 個の個体の組の中に特定の個体が含まれる確率と等しく，「特定の個体を選ぶ組合せ×残りの $N-1$ 種類のものから $n-1$ 個を選ぶ組合せ」を「N 種類のものから n 個を選ぶ組合せの数」で割った $\binom{1}{1}\binom{N-1}{n-1}\Big/\binom{N}{n}=n/N$ となり抽出率と等しくなる。

Ⅱ：誤り。一般に，層内はできるだけ均質であるように設計するので，層内の分散は小さいと考えられる。しかし，各層の平均の推定量は大きく異なることから，それを考慮すると得られた推定量の分散は単純無作為抽出よりも常に小さくなるとはいえない。さらに，層内の均一性が少ない場合は，たとえ同じ標本の大きさであったとしても単純無作為抽出よりも精度が落ちる。つまり，層別抽出による母集団平均の推定量の分散は単純無作為抽出よりも小さくすることができるとはいえない。

Ⅲ：正しい。単純無作為抽出を行った際に，特定の層からデータが得られるとは限らない。このことは，たとえば，ある特定の層の全数が少ない場合，単純無作為抽出を行った際に，この層から観測値が得られない可能性があることから理解されるであろう。

以上から，正しい記述はⅠとⅢのみなので，正解は③である。

問6

9 ………………………………………………… 正解 ②

①：誤り。単純無作為抽出は，母集団から（抽出を段階に分けて行うことはせず）すべての個体が等しい確率で選ばれる標本抽出である。都道府県における世帯調査の場合，その都道府県における世帯名簿から直接すべての世帯が等しい確率で選ばれるように世帯を抽出する。

②：正しい。二段抽出は，大規模調査において単純無作為抽出における母集団リストの作成，地理的に調査対象が散らばった際の調査費用・労力・管理コストの削減を目的とした手法である。二段抽出は都道府県での世帯の調査においては，1段目としてその都道府県から市区町村を抽出して，次に2段目として世帯を抽出するような方法である。

③：誤り。集落（クラスター）抽出は，上記の二段抽出と同様に単純無作為抽出の問題点を解決するための手法である。母集団を集落とよばれる部分母集団に分割して，集落を無作為に抽出して，抽出された集落の要素についてはすべて調べる方法である。都道府県での世帯の調査の際に，たとえば，都道府県から市区町村を無作為に抽出して，選ばれた市区町村内の世帯についてはすべて調べ上げる調査方法である。

④：誤り。層化（層別）抽出は，層とよばれる集団に分割する。このとき，層内がなるべく均質になるようにする。各層から別々に抽出を行うことによって，層内の推定の精度を上げる手法であり，個人の調査であれば性別，居住地域，職業など，企業の調査であれば資本金額，従業員数などが層の作成（層別）の際の基準となる。

⑤：誤り。系統抽出は，等間隔抽出ともよばれ，母集団の要素に通し番号を振り，初めの抽出単位を無作為に抽出したあとは，母集団の通し番号から等間隔に標本を抽出する方法である。

よって，正解は②である。

（コメント）より詳しい説明は2018年6月試験の問6を参照のこと。

問7

〔1〕 **10** ································ 正解 ②

抽出されたクッキーの箱が，工場Aで生産され，かつカモノハシの絵がプリントされているクッキーが入っている確率は $0.7 \times 0.02 = 0.014$ である。同様にして，抽出されたクッキーの箱が，工場Bで生産され，かつカモノハシの絵がプリントされているクッキーが入っている確率は $0.3 \times 0.08 = 0.024$ である。

したがって，抽出されたクッキーの箱にカモノハシの絵がプリントされているクッキーが入っている確率は，$0.014 + 0.024 = 0.038$ である。

よって，正解は②である。

〔2〕 **11** ································ 正解 ②

クッキーにカモノハシの絵がプリントされているとき，そのクッキーが工場Aで生産された確率を求めるには「クッキーの箱が，工場 A で生産され，かつカモノハシの絵がプリントされているクッキーが入っている確率」を「抽出されたクッキーの箱にカモノハシの絵がプリントされているクッキーが入っている確率」で割ればよい。すなわち，$0.014/0.038 \fallingdotseq 0.3684$ である。

よって，正解は ② である。

問 8

〔1〕 **12** ………………………………………… 正解 ④

$Y = 0.3 + 2x + U$ より，

$$
\begin{aligned}
&P\,(Y \geq 0) \\
&= P\,(0.3 + 2x + U \geq 0) \\
&= P\,(U \geq -0.3 - 2x) \\
&= 0.95
\end{aligned}
$$

を満たす x を求めればよい。付表では 0.5 までの確率点しか与えられていないので，余事象を考える。つまり，

$$
\begin{aligned}
&P\,(U \geq -0.3 - 2x) = 0.95 \\
&\Rightarrow P\,(U \leq -0.3 - 2x) = 0.05 \\
&\Rightarrow P\,(-U \geq 0.3 + 2x) = 0.05
\end{aligned}
$$

と変形する。$-U$ は標準正規分布に従うので，付表から，

$$0.3 + 2x = 1.645$$

となる。この方程式を解くと，$x = (1.645 - 0.3)/2 = 0.67$ となる。

よって，正解は ④ である。

〔2〕 **13** ………………………………………… 正解 ①

Y と U は単調増加の関係にある。よって，U の上側 5%点を u とおくと，Y の上側 5%点 y は，

$$y = 0.3 + 2x + u$$

となる。付表より $u = 1.645$ だから，

$$y = 1.945 + 2x$$

となる。特に (x, y) のグラフは傾きが 2 の直線である。

よって，正解は ① である。

問9

〔1〕 **14** ………………………………………… 正解 ②

$P(x) = P(X = x)$ とすると，一般に，X がパラメータ n，p の二項分布 $B(n, p)$ に従うとき，

$$\frac{P(x+1)}{P(x)} = \frac{\dfrac{n!}{(x+1)!(n-x-1)!}p^{x+1}q^{n-x-1}}{\dfrac{n!}{x!(n-x)!}p^x q^{n-x}} = \frac{(n-x)p}{(x+1)q}$$

ここで，$q = 1 - p$ である。問題の設定では，$n = 7$，$p = 1/3$ なので，

$$\frac{P(x+1)}{P(x)} = \frac{(7-x)}{2(x+1)} = \frac{-x+7}{2x+2}$$

となる。

よって，$a = 7$，$b = 2$ なので，正解は ② である。

〔2〕 **15** ………………………………………… 正解 ②

〔1〕の結果を利用して $P(x) = P(X = x)$ の大小関係を調べる。

$$P(x+1) > (<) P(x) \Leftrightarrow -x + 7 > (<) 2x + 2 \Leftrightarrow 5/3 > (<) x$$

したがって，

$$P(0) < P(1) < P(2) > P(3) > \cdots > P(7)$$

となる。

よって，$P(2)$ が最大なので，正解は ② である。

問10

16 ………………………………………………… 正解 ③

$\overline{X}$ の期待値は

$$E\left(\overline{X}\right)=E\left(\frac{1}{n}\sum_{i=1}^{n}X_i\right)=\frac{1}{n}\sum_{i=1}^{n}E\left(X_i\right)=\frac{1}{n}\sum_{i=1}^{n}\mu=\frac{1}{n}\times n\mu=\mu$$

となる。 ……（ア）

また，確率変数 $X_1, X_2, \ldots, X_n$ が互いに独立であることから，これらの共分散がゼロになるので，$\overline{X}$ の分散は，

$$V\left(\overline{X}\right)=\frac{1}{n^2}V\left(\sum_{i=1}^{n}X_i\right)=\frac{1}{n^2}\left(\sum_{i=1}^{n}V\left(X_i\right)+\sum_{i=1}^{n}\sum_{j=1,j\neq i}^{n}Cov(X_i,X_j)\right)$$
$$=\frac{1}{n^2}\sum_{i=1}^{n}V\left(X_i\right)=\frac{1}{n^2}\times n\sigma^2=\frac{\sigma^2}{n}$$

となる。 ……（イ）

よって，正解は ③ である。

問11

歪度は分布の非対称性を表し，尖度は分布の尖度と裾の長さを表す指標である。

正規分布の歪度と尖度が0であることを利用し，歪度（右に裾が長い場合は正，左に裾が長い場合は負）と尖度（裾が長い場合は正，裾が短い場合は負）の値によって正規分布からの離れ具合を評価することができる。

〔1〕 **17** ………………………………………………… 正解 ①

正規分布の歪度および尖度はともに0である（「統計学基礎」p.202 など）。

よって，正解は ① である。

〔2〕 **18** ………………………………………………… 正解 ⑤

確率変数 X が一様分布 $U(-1,1)$ に従うとき，確率密度関数は，

$$f(x)=\frac{1}{2},\quad(-1\leq x\leq 1)$$

で与えられる。したがって，平均および平均まわりの k 次モーメントは，

$$\mu = E[X] = \int_{-1}^{1} \frac{x}{2} dx = 0,$$

$$\mu_k = E\left[(X-\mu)^k\right] = \int_{-1}^{1} \frac{(x-\mu)^k}{2} dx = \int_{-1}^{1} \frac{x^k}{2} dx = \frac{1-(-1)^{k+1}}{2(k+1)}$$

となる。よって，

$$\mu = 0, \quad \sigma^2 = \mu_2 = \frac{1}{3}, \quad \mu_3 = 0, \quad \mu_4 = \frac{1}{5}$$

を得る。この結果を用いると，

$$歪度 = \frac{\mu_3}{\sigma^3} = 0, \quad 尖度 = \frac{\mu_4}{\sigma^4} - 3 = \frac{9}{5} - 3 = -1.2$$

が得られる。

よって，正解は ⑤ である。

（コメント）一様分布は左右対称で裾が短い分布なので，歪度 $= 0$，尖度 < 0 と予想できる。

〔3〕 **19** ・・・ 正解 ⑤

Ⅰ：誤り。右に裾が長い分布では歪度は**正**の値になり，左に裾が長い分布では歪度は**負**の値になる。

Ⅱ：誤り。中心部が平坦で裾が短い分布の尖度は**負**の値となり，尖っていて裾の長い分布の尖度は**正**の値となる。

Ⅲ：誤り。t 分布は左右対称で裾が長い分布なので，歪度 $= 0$，尖度 > 0 である。自由度が大きくなると正規分布に近づくことから，自由度が大きいほど尖度の値は**小さくなる**。

以上から，ⅠとⅡとⅢはすべて誤りなので，正解は ⑤ である。

問 12

20 ……………………………………………… 正解 ②

母比率を p，母比率の推定値である標本比率を $\hat{p}$，標本サイズを n とする。中心極限定理により n が大きいとき，$z = (\hat{p} - p)/\sqrt{p(1-p)/n}$ は近似的に標準正規分布に従う。また，$\sqrt{p(1-p)/n}$ を $\sqrt{\hat{p}(1-\hat{p})/n}$ とおくことによって，$\hat{p}$ の標準誤差は，

$$\sqrt{\frac{\hat{p}(1-\hat{p})}{n}}$$

で与えられる。ほぼ毎日利用した人の割合は 2.0%，標本サイズは 1338 人であるから，標準誤差は，

$$\sqrt{\frac{0.020 \times (1 - 0.020)}{1338}} = 0.0038$$

となる。したがって，母比率の 95%信頼区間は，

$$0.020 \pm 1.96 \times 0.0038 = 0.020 \pm 0.0075$$

となる。選択肢の中で最も近いのは 0.020 ± 0.008 である。

よって，正解は ② である。

問13

21 ……………………………………………… 正解 ④

（ア）：$\overline{X}$ を標本平均，s^2 を不偏分散とすると，検定統計量は，

$$t = \frac{\overline{X} - 90}{\sqrt{\frac{s^2}{n}}} = \frac{85.6 - 90}{\sqrt{\frac{121.9}{20}}}$$

となる。

（イ）：検定統計量の帰無仮説の下での分布は，自由度 $n - 1 = 19$ の t 分布である。両側検定なので，棄却域は $|t| > t_{0.025}(19) = 2.093$ である。

（ウ）：$|t| \fallingdotseq |-1.782| = 1.782 < 2.093$ より，検定統計量の値は棄却域に入っていない。したがって，帰無仮説を棄却しない。

よって，正解は ④ である。

問14

〔1〕 **22** ……………………………………………… 正解 ⑤

2つの条件下それぞれの標本の数を n_1，n_2 としたとき（ただし，分子の方の条件に対応する標本数を n_1 とする），この統計量は第1自由度が $m_1 = n_1 - 1 = 29$，第2自由度が $m_2 = n_2 - 1 = 30$ である F 分布に従う。

よって，正解は ⑤ である。

〔2〕 **23** ……………………………………………… 正解 ④

この仮説検定の方法の場合，帰無仮説「A，B，C での分布の分散がすべて等しい」の下で，この仮説が正しく受容されるためには，組合せによる3つの検定すべてで受容される必要がある。それぞれの仮説が受容される確率は，$1 - 0.05 = 0.95$ であり，互いの結果は独立なので（それぞれの検定ごとに，標本抽出をすることに注意），3つの検定すべてで受容される確率は，0.95^3 となる。よって，帰無仮説が正しいにもかかわらず，誤って棄却する（第一種の過誤）の確率は，$1 - 0.95^3 \fallingdotseq 0.14$ となる。

よって，正解は ④ である。

問 15

〔1〕 **24** ………………………………………………… 正解 ③

不良品率が 5% と仮定したとき，200 個の試作品に混入する不良品の個数 X はパラメータ $(200, 0.05)$ の二項分布 $B(200, 0.05)$ に従う。

一般に，二項分布 $B(n, p)$ の平均と分散はそれぞれ np と $np(1-p)$ で与えられる。この式に $n = 200$，$p = 0.05$ を代入すると，平均は 10，分散は 9.5 となる。

よって，正解は **③** である。

〔2〕 **25** ………………………………………………… 正解 ②

標本の不良品率を $\hat{r} = X/n (n = 200)$ とおく。母比率 r に関する帰無仮説 $r = 0.05$，対立仮説 $r > 0.05$ の仮説検定を行う場合，通常用いる検定統計量は，

$$Z = \frac{\hat{r} - r}{\sqrt{r(1-r)/n}}$$

であり，Z が大きいときに帰無仮説を棄却する。観測値を代入して得られる値を z とおけば，P-値は $P(Z \geq z)$ で与えられる。実際に z を計算すると，

$$\begin{aligned} z &= \frac{\frac{16}{200} - 0.05}{\sqrt{\frac{0.05 \times (1 - 0.05)}{200}}} \\ &= \frac{0.03}{0.0154} \\ &= 1.95 \end{aligned}$$

となる。また Z は近似的に標準正規分布に従うので，P-値はおよそ

$$P\left(Z \geq z\right) = 0.026$$

となる。

よって，正解は **②** である。

〔3〕 **26** ………………………………………………… 正解 ⑤

A 社と B 社の不良品率（母比率）をそれぞれ r_A，r_B とおき，標本サイズを n_A，n_B，実際に観測された不良品の個数を X_A，X_B とおく。また標本の不良品率を $\hat{r}_A = X_A/n_A$，$\hat{r}_B = X_B/n_B$ とおく。母比率の差 $d = r_A - r_B$ に関する帰無仮説 $d = 0$，対立仮説 $d \neq 0$ の仮説検定を行う場合，通常用いる検定統計量は，

$$Z = \frac{\hat{r}_A - \hat{r}_B}{\sqrt{\dfrac{\hat{r}_A(1-\hat{r}_A)}{n_A} + \dfrac{\hat{r}_B(1-\hat{r}_B)}{n_B}}}$$

であり，Z の絶対値が大きいときに帰無仮説を棄却する。観測値を代入して得られる Z の値を z とおくとき，P-値は $P(|Z| \geq |z|)$ で与えられる。実際に z を計算すると，

$$\begin{aligned} z &= \frac{0.080 - 0.085}{\sqrt{\dfrac{0.080 \times (1-0.080)}{200} + \dfrac{0.085 \times (1-0.085)}{200}}} \\ &= \frac{-0.005}{0.0275} \\ &= -0.18 \end{aligned}$$

となる。また Z は近似的に標準正規分布に従うので，P-値はおよそ

$$P(|Z| \geq |z|) = 2 \times 0.43 = 0.86$$

となる。

よって，正解は ⑤ である。

問 16

〔1〕 **27** ………………………………………… 正解 ①

帰無仮説が「発生率は曜日に依存しない」ことから，各セルに入る確率を 1/6 とすればよいので，期待度数は $102/6 = 17$ であり，χ^2 統計量の計算式は，

$$\frac{(\text{観測度数} - \text{期待度数})^2}{\text{期待度数}}$$

をすべてのセルについて合計したものである。

よって，正解は ① である。

〔2〕 **28** ………………………………………… 正解 ③

(ア)： 各セルに入る確率は 1/6 と既知なので，自由度は $6 - 1 = 5$ である。

(イ)： χ^2検定統計量の値 $\fallingdotseq 2.59$，自由度 5 の χ^2分布 の上側 5%点は 11.07 である。帰無仮説は棄却できない。

よって，正解は ③ である。

問 17

〔1〕 **29** ･････････････････････････････････ 正解 ④

回帰分析で，残差の自由度は「標本の大きさ − 定数項を含む推定式の係数の数」であることに注意すると，出力結果より残差の自由度が 52，定数項を含む推定式の係数の数は 3 であるので，標本の大きさは $52 + 3 = 55$ であることがわかる。

よって，正解は ④ である。

〔2〕 **30** ･････････････････････････････････ 正解 ②

Ⅰ：誤り。α の推定値の標準誤差は 1.137e+02 $= 113.7$ である。11.75 は β_2 の推定値の標準誤差である。

Ⅱ：正しい。それぞれのパラメータの P-値 $Pr(>|t|)$ は，すべて 0.05 よりも小さく，有意水準 5%で 0 と異なっていると判断される。

Ⅲ：誤り。自由度調整済み決定係数の値は Adjusted R-squared の 0.8141 である。0.821 は決定係数 Multiple R-squared の値である。

以上から，正しい記述はⅡのみなので，正解は ② である。

〔3〕 **31** ･････････････････････････････････ 正解 ④

Ⅰ：正しい。重回帰式の係数の値が，他の説明変数の値を一定と制御したときの当該変数の値が与える影響であることに注意すると，population の係数は負であるので，1 人当たり GDP が同じ値である場合，人口密度が高い国では，自動車普及率は低い傾向があることがわかる。

Ⅱ：正しい。重回帰式の係数の値が，他の説明変数の値を一定と制御したときの当該変数の値が与える影響であることに注意すると，log(gdp) の係数は正であるので，人口密度が同じ値である場合，1 人当たり GDP が高い国では，自動車普及率は高い傾向があることがわかる。

Ⅲ：正しい。推定された回帰式

$$\text{自動車普及率} = -1283 - 0.066 \times \text{人口密度} + 175.7 \times \log(1\ \text{人当たり GDP})$$

に人口密度として 400，log(1 人当たり GDP) として 10 を代入すると，447.6 が得られる。

以上から，ⅠとⅡとⅢすべてが正しい記述なので，正解は ④ である。

問18

家計調査の現金実収入の五分位階級ごとの1世帯当たり平均の現金実収入（実収入と表中等で表記）と教養娯楽サービスへの支出金額と，酒類への支出金額を用いた回帰分析の結果についての設問である。

〔1〕 **32** …………………………………… 正解 ④

Ⅰ：正しい。残差平方和は，$\hat{\sigma}^2 \times (n-2) = 0.608^2 \times 3 = 1.108992 \fallingdotseq 1.1$ となる。

Ⅱ：誤り。切片の推定値は1万倍となるが標準誤差も1万倍になるので，t 値は変わらない。

Ⅲ：正しい。切片の推定値は1万倍となる。

以上から，正しい記述はⅠとⅢのみなので，正解は ④ である。

〔2〕 **33** …………………………………… 正解 ⑤

Ⅰ：誤り。係数の推定値の絶対値が小さいからといって，説明変数として不要とは限らない。説明変数の選択は仮説検定や自由度修正済み決定係数等に基づいて行うべきである。

Ⅱ：誤り。説明変数間の相関は高く，標本サイズも大きくないので，多重共線性の可能性は無視することができない。

Ⅲ：誤り。P-値の値が0.05よりも大きいことから，酒類への支出の係数が0であるという帰無仮説は，有意水準5%では棄却されない。

以上から，ⅠとⅡとⅢはすべて誤りなので，正解は ⑤ である。

〔3〕 **34** …………………………………… 正解 ①

Ⅰ：誤り。特別な場合を除き，$y = a + bx + u$ と $y = a' + b'x + c'z + v$ で b の推定値と b' の推定値は一般に異なり，データの入力ミスではない。

Ⅱ：正しい。$y = a + bx + u$ において，支出金額 x の係数が有意である。一方，$y = a' + b'x + c'z + v$ で実収入 z の値を制御したとき酒類への支出金額 x の係数が有意ではないので，実収入 z が教養娯楽サービスへの支出金額 y と酒類への支出金額 x の両方に影響を及ぼして，y と x の間に見かけ上の相関をもたらしている可能性がある。

Ⅲ：誤り。$y = a + bx + u$ において，“b は有意水準10％で有意であるということの下で，「x が1万円大きいとき y が25.173万円大きい」傾向がある”と言える。有意水準10％で有意ではないときは，係数が0であるという仮説を棄却できないので，$y = a' + b'x + c'z + v$ において，“b' は有意水準 10%で有意でないので，「z が一定の場合，x が 1 万円大きいとき y が 6.462 万円小さくなる」と解釈される” とは言えない。

以上から，正しい記述はⅡのみであるので，正解は ① である。

PART 5

2級
2018年6月
問題／解説

2018年6月に実施された
統計検定2級で実際に出題された問題文を掲載します。
問題の趣旨やその考え方を理解できるように、
正解番号だけでなく解説を加えました。

※実際の試験では統計数値表が問題文の末尾にあります。本書では巻末に「付表」として掲載しています。

問 1　次の表は，2017 年度のサッカー J リーグのチーム年間総得点のデータである。

J1				J2				J3			
チーム名	年間総得点	チーム名	年間総得点	チーム名	年間総得点	チーム名	年間総得点	チーム名	年間総得点	チーム名	年間総得点
札幌	39	清水	36	山形	45	岐阜	56	盛岡	32	北九州	44
仙台	44	磐田	50	水戸	45	京都	55	秋田	53	鹿児島	49
鹿島	53	G 大阪	48	群馬	32	岡山	44	福島	39	琉球	44
浦和	64	C 大阪	65	千葉	70	山口	48	栃木	44	F 東京 23	36
大宮	28	神戸	40	東京 V	64	讃岐	41	YS 横浜	41	G 大阪 23	31
柏	49	広島	32	町田	53	徳島	71	相模原	34	C 大阪 23	39
FC 東京	37	鳥栖	41	横浜 FC	60	愛媛	54	長野	34		
川崎 F	71			湘南	58	福岡	54	富山	37		
横浜 FM	45			松本	61	長崎	59	藤枝	50		
甲府	23			金沢	49	熊本	36	沼津	60		
新潟	28			名古屋	85	大分	58	鳥取	31		
平均	44.06			平均	54.45			平均	41.06		
標準偏差	12.89			標準偏差	11.77			標準偏差	8.06		

資料：J.LEAGUE Data Site

〔1〕下の図Ⅰ～Ⅲは,「チーム年間総得点（総得点）」,「チーム年間総得点の平均からの偏差（偏差）」および「チーム年間総得点の標準化得点（標準化得点）」を J1，J2，J3 のカテゴリーごとに分けて示した箱ひげ図である。

なお，これらの箱ひげ図では，“「第 1 四分位数」−「四分位範囲」×1.5” 以上の値をとるデータの最小値，および “「第 3 四分位数」＋「四分位範囲」×1.5” 以下の値をとるデータの最大値までひげを引き，これらよりも遠い値を外れ値として○で示している。

図Ⅰ～Ⅲに対応する変数の組合せとして，次の ① ～ ⑤ のうちから最も適切なものを一つ選べ。 **1**

① 総得点：Ⅰ,　偏差：Ⅱ,　標準化得点：Ⅲ

② 総得点：Ⅱ,　偏差：Ⅰ,　標準化得点：Ⅲ

③ 総得点：Ⅱ,　偏差：Ⅲ,　標準化得点：Ⅰ

④ 総得点：Ⅲ,　偏差：Ⅰ,　標準化得点：Ⅱ

⑤ 総得点：Ⅲ,　偏差：Ⅱ,　標準化得点：Ⅰ

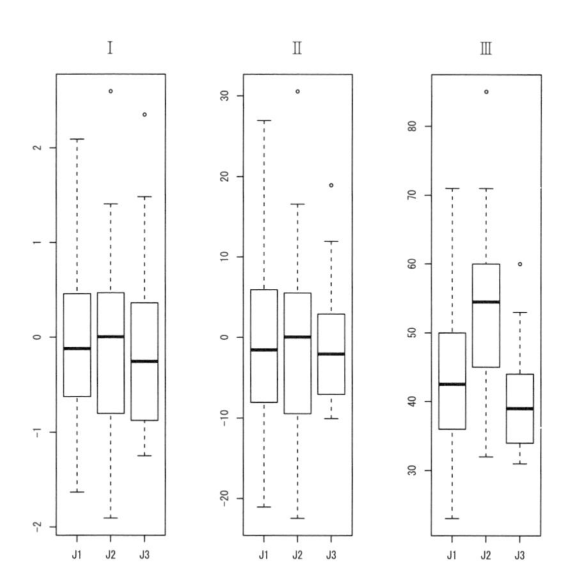

〔2〕J2 のチーム年間総得点において，平均から標準偏差の 2 倍以上離れた観測値は何個あるか。次の ① ～ ⑤ のうちから適切なものを一つ選べ。 **2**

① 0 個　　② 1 個　　③ 2 個　　④ 3 個　　⑤ 4 個以上

問 2　次の左の図は，2010 年における 47 都道府県の人口（単位は万人）と常設映画館数（単位は館）の散布図である。右の図は，2010 年における 47 都道府県の人口と一般病院病床数（単位は万床）の散布図である。

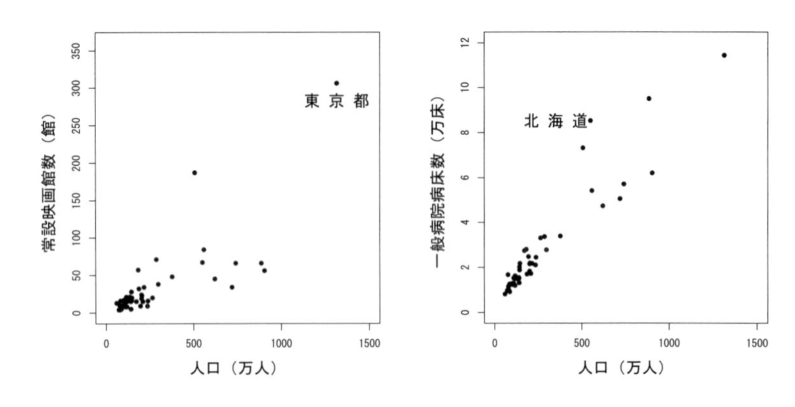

資料：総務省「社会生活統計指標－都道府県の指標－ 2015」

〔1〕次の記述 I ～ III は，人口と常設映画館数の散布図に関するものである。

> I. 人口と常設映画館数には正の相関があると見られる。
>
> II. 東京都は他の道府県とは値が離れているように見える。相関係数はこうした外れ値の影響を受けやすいため，相関係数の解釈には注意が必要である。
>
> III. この散布図からは，人口と常設映画館数の間のいかなる関係も見いだすことはできない。

記述 I ～ III に関して，次の ① ～ ⑤ のうちから最も適切なものを一つ選べ。

3

① I と II のみ正しい。　② I と III のみ正しい。

③ II と III のみ正しい。　④ III のみ正しい。

⑤ I と II と III はすべて誤りである。

〔2〕次の記述Ⅰ～Ⅲは，人口と一般病院病床数の散布図に関するものである。

Ⅰ. 北海道は，人口が同程度である他の都府県に比べて，一般病院病床数が少ない。

Ⅱ. 人口1人当たりの一般病院病床数の変動係数は，一般病院病床数の変動係数より小さい。

Ⅲ. 人口が多い9都道府県に限ると，人口と一般病院病床数には負の相関があると見られる。

記述Ⅰ～Ⅲに関して，次の①～⑤のうちから最も適切なものを一つ選べ。 **4**

① ⅠとⅡのみ正しい。
② ⅠとⅢのみ正しい。
③ ⅡとⅢのみ正しい。
④ Ⅰのみ正しい。
⑤ Ⅱのみ正しい。

〔3〕次の左の図は，常設映画館数と一般病院病床数の散布図である。右の図は，常設映画館数と一般病院病床数を各々人口に回帰させる単回帰モデルを最小二乗法で推定した時の残差，すなわち

$$(\text{常設映画館数}) = a + b \times (\text{人口}) + e_1$$
$$(\text{一般病院病床数}) = c + d \times (\text{人口}) + e_2$$

における e_1 と e_2 の散布図である。

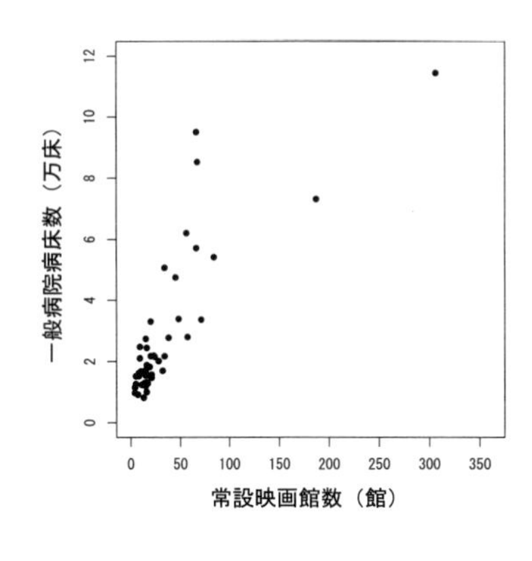

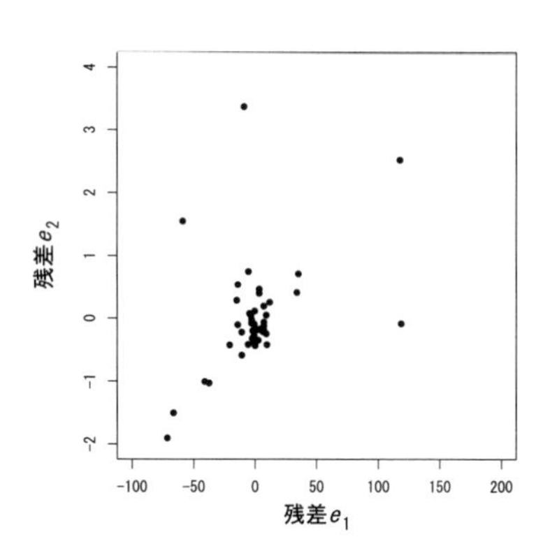

次の記述Ⅰ～Ⅲは，これらの散布図に関するものである。

Ⅰ. 残差 e_1 と残差 e_2 の相関係数は，人口の影響を除去した時の相関係数であり，常設映画館数と一般病院病床数の偏相関係数とよばれるものである。

Ⅱ. 常設映画館数と一般病院病床数の相関は見かけ上の相関（擬相関）だと考えられ，その要因の 1 つとして人口が考えられる。

Ⅲ. 常設映画館数と一般病院病床数の相関は，病院と併設している映画館の存在によるものであることは，これらの散布図から明らかである。

記述Ⅰ～Ⅲに関して，次の ① ～ ⑤ のうちから最も適切なものを一つ選べ。

5

① ⅠとⅡのみ正しい。
② ⅠとⅢのみ正しい。
③ ⅡとⅢのみ正しい。
④ ⅠとⅡとⅢのすべてが正しい。
⑤ ⅠとⅡとⅢはすべて誤りである。

問 3 次の表は，2011 年～2014 年に調査された 5 か国（日本，アメリカ，スウェーデン，中国，ドイツ）の五分位階級所得割合（各家計の所得を少ない順から並べて人口で 5 等分したときに，それぞれの階級の所得の和の全体の所得の和に占める割合）である。なお，小数点以下 2 位を四捨五入しているため，合計は 100 とは限らない。

単位（%）

		(年)	第 1 五分位階級	第 2 五分位階級	第 3 五分位階級	第 4 五分位階級	第 5 五分位階級
日本	JPN	(2014)	5.4	10.7	16.3	24.1	43.5
アメリカ	USA	(2013)	5.1	10.3	15.4	22.7	46.4
スウェーデン	SWE	(2012)	8.7	14.3	17.8	23.0	36.2
中国	CHN	(2012)	5.2	9.8	14.9	22.3	47.9
ドイツ	DEU	(2011)	8.4	13.1	17.2	22.7	38.6

資料：独立行政法人 労働政策研究・研修機構「データブック国際労働比較 2017」

〔1〕次の図は，5 か国のうちのいずれかのローレンツ曲線である。
どの国のローレンツ曲線か。次の ① ～ ⑤ のうちから最も適切なものを一つ選べ。 **6**

① 日本　② アメリカ　③ スウェーデン　④ 中国　⑤ ドイツ

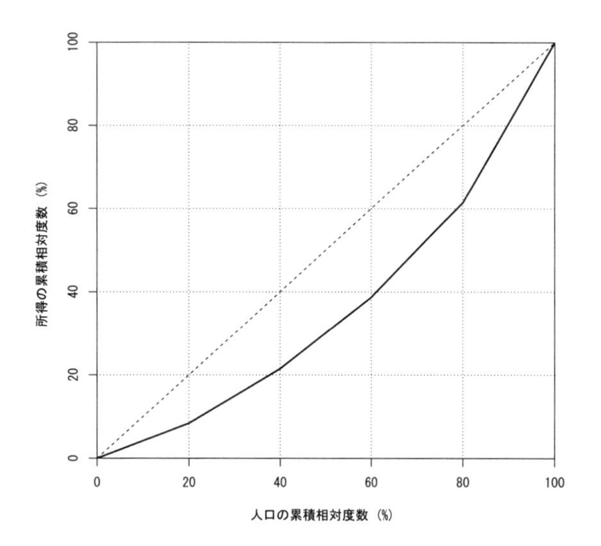

〔2〕上のローレンツ曲線の国のジニ係数はいくらか。次の ① ～ ⑤ のうちから最も適切なものを一つ選べ。 **7**

① 0.14　② 0.28　③ 0.35　④ 0.42　⑤ 0.56

〔3〕次の記述 I ～ III は，表から作成したローレンツ曲線および表から計算したジニ係数に関する説明である。

> I. いずれの国のローレンツ曲線も完全平等線の下に弧を描く。
> II. 日本，アメリカ，ドイツのジニ係数を比較すると，アメリカが最も小さい。したがって，ジニ係数で比べた場合，アメリカが最も不平等であることが分かる。
> III. スウェーデンと中国のローレンツ曲線を比較すると，中国の方が完全平等線から遠い。したがって，ローレンツ曲線で比べた場合，中国の方が不平等であることが分かる。

記述 I ～ III に関して，次の ① ～ ⑤ のうちから最も適切なものを一つ選べ。 **8**

① I のみ正しい。
② II のみ正しい。
③ III のみ正しい。
④ I と II のみ正しい。
⑤ I と III のみ正しい。

問 4　次の表は，2010 年から 2015 年までの輸出物価指数（総平均，円ベース，2015 年を 100 とする）のデータである。

年	2010 年	2011 年	2012 年	2013 年	2014 年	2015 年
輸出物価指数	89.5	87.5	85.7	95.7	98.8	100.0

資料：日本銀行「企業物価指数」

〔1〕2011 年の輸出物価指数の前年からの変化率はいくらか。次の ① ～ ⑤ のうちから最も適切なものを一つ選べ。 **9**

① -1.8 %　② -2.0 %　③ -2.2 %　④ -2.5 %　⑤ -2.7 %

〔2〕輸出物価指数の 2010 年から 2015 年までの間の平均の変化率 r は，次の【条件】を満たすようにして計算される。

【条件】
2010 年の輸出物価指数は 89.5 である。2010 年から 2015 年にかけて，前年からの変化率が常に r であるならば，2015 年の輸出物価指数が 100.0 となる。

r の計算式として，次の ① ～ ⑤ のうちから適切なものを一つ選べ。 **10**

① $100\left\{\frac{1}{5}\left(\frac{100.0}{89.5}-1\right)\right\}$ %

② $100\left\{\left(\frac{100.0}{89.5}\right)^{1/5}-1\right\}$ %

③ $100\left\{\left(\frac{100.0}{89.5}-1\right)^{1/5}\right\}$ %

④ $100\left\{\left(\frac{100.0}{89.5}\right)^{1/6}-1\right\}$ %

⑤ $100\left\{\left(\frac{100.0}{89.5}-1\right)^{1/6}\right\}$ %

問 5　実験計画法では，対象のばらつきを評価できるようにしたり制御したりすることが重要である。そのための原則として「フィッシャーの 3 原則」が知られている。フィッシャーの 3 原則の組合せについて，次の ①～⑤ のうちから適切なものを一つ選べ。 **11**

① 繰り返し，　集中管理，　無作為化
② 繰り返し，　局所管理，　無作為化
③ 繰り返し，　集中管理，　標準化
④ 集中管理，　無作為化，　標準化
⑤ 局所管理，　無作為化，　標準化

問 6　次はある大学の統計学のクラスで実施された学習時間調査である。

> 履修者の男女比が 7 : 3 であったので，履修者の名簿をもとに男女に分けて，それぞれから無作為抽出を行い，標本の男女比が履修者の男女比と一致するようにした。

この標本抽出方法の名称は何か。次の ①～⑤ のうちから適切なものを一つ選べ。 **12**

① 単純無作為抽出　② 系統抽出　③ 多段抽出
④ 集落 (クラスター) 抽出　⑤ 層化 (層別) 抽出

問 7 サークルの部室にいたS君は，隣の部室にお菓子をもらいに行った。隣の部室にはT君とU君がいて，自分たちと腕相撲を3回して2連勝した時点でお菓子をあげるという。S君の対戦順序には2つの選択肢があり，「T君－U君－T君」，または「U君－T君－U君」の順である。S君がT君に勝つ確率を p，U君に勝つ確率を q とし，$0 < p < q < 1$ とする。ただし，各腕相撲の試合の勝敗は互いに独立とする。

〔1〕「T君－U君－T君」の順で対戦するとき，S君がお菓子を獲得する確率はいくらか。次の①～⑤のうちから適切なものを一つ選べ。 **13**

① pq　② $pq + qp$　③ $p(1-q) + q(1-p)$
④ $pq(1-p)$　⑤ $pq + (1-p)qp$

〔2〕S君は，U君なら勝ちやすいと考えて，U君とより多く対戦する「U君－T君－U君」の順が有利だと考えた。この選択に対する説明として，次の①～⑤のうちから最も適切なものを一つ選べ。 **14**

① 「T君－U君－T君」の方がお菓子獲得の確率は高いので，S君の選択は好ましくない。
② 「U君－T君－U君」の方がお菓子獲得の確率は高いので，S君の選択は好ましい。
③ p と q の具体的な値によってお菓子獲得の確率は変わるので，S君の選択については何も言えない。
④ どちらの選択をしてもお菓子獲得の確率は変わらないので，S君の選択でも問題はない。
⑤ お菓子獲得の確率は，実はT君とU君との対戦順序や対戦回数にもよらないので，どんな対戦の仕方でもよい。

問 8 ある世帯の毎年6月における電気料金は，平均4,000円，標準偏差500円の独立で同一の正規分布で近似される。以下の問いに答えよ。

〔1〕ある年において，6月の電気料金が4,800円以上になる確率はいくらか。次の①～⑤のうちから最も適切なものを一つ選べ。 **15**

① 0.036　② 0.055　③ 0.067　④ 0.145　⑤ 0.436

〔2〕ある年において，6 月の電気料金がその前年の 6 月の電気料金より 800 円以上高くなる確率はいくらか。次の ① ～ ⑤ のうちから最も適切なものを一つ選べ。 **16**

① 0.027　② 0.110　③ 0.129　④ 0.212　⑤ 0.500

〔3〕ある年において，6 月の電気料金がその前年および前々年の 6 月の電気料金のどちらよりも高くなる確率はいくらか。次の ① ～ ⑤ のうちから最も適切なものを一つ選べ。 **17**

① 0.250　② 0.333　③ 0.400　④ 0.500　⑤ 0.666

問 9　2 つの確率変数 X と Y に関して，期待値 $E[X], E[Y], E[XY]$ と分散 $V[X], V[Y]$ が以下のようになっている。

$$E[X] = 2.0, \quad E[Y] = 3.0, \quad E[XY] = 6.3, \quad V[X] = 1.0, \quad V[Y] = 1.0$$

〔1〕それぞれの確率変数の 2 乗の期待値 $E[X^2]$, $E[Y^2]$ と，共分散 $\mathrm{Cov}[X, Y]$ について，次の ① ～ ⑤ のうちから適切なものを一つ選べ。 **18**

① $E[X^2] = 4.0, \quad E[Y^2] = 9.0, \quad \mathrm{Cov}[X, Y] = 0.3$

② $E[X^2] = 4.0, \quad E[Y^2] = 9.0, \quad \mathrm{Cov}[X, Y] = -0.3$

③ $E[X^2] = 4.0, \quad E[Y^2] = 9.0, \quad \mathrm{Cov}[X, Y] = 6.0$

④ $E[X^2] = 5.0, \quad E[Y^2] = 10.0, \quad \mathrm{Cov}[X, Y] = 0.3$

⑤ $E[X^2] = 5.0, \quad E[Y^2] = 10.0, \quad \mathrm{Cov}[X, Y] = -0.3$

〔2〕X と Y に，それぞれ次のような一次変換を施して，新しい確率変数 U と V をつくる。

$$U = 3X - 2, \qquad V = -2Y - 4$$

この時，U と V の共分散 $\mathrm{Cov}[U, V]$ と相関係数 $r[U, V]$ の値として，次の ① ～ ⑤ のうちから適切なものを一つ選べ。 **19**

① $\mathrm{Cov}[U, V] = 0.3, \quad r[U, V] = -0.3$

② $\mathrm{Cov}[U, V] = 6.0, \quad r[U, V] = 0.3$

③ $\mathrm{Cov}[U, V] = -6.0, \quad r[U, V] = -0.3$

④ $\mathrm{Cov}[U, V] = -1.8, \quad r[U, V] = -0.3$

⑤ $\mathrm{Cov}[U, V] = -1.8, \quad r[U, V] = 0.3$

問 10　確率変数 $X_1, \ldots, X_n$ が互いに独立にそれぞれ平均 μ，分散 $\sigma^2\ (>0)$ の正規分布に従うとする。標本平均を $\bar{X} = \dfrac{1}{n}\sum_{i=1}^{n} X_i$，不偏分散を $S^2 = \dfrac{1}{n-1}\sum_{i=1}^{n}(X_i - \bar{X})^2$ とおく。

〔1〕$\sigma^2 = 1$ のとき，確率 $P(|\bar{X}-\mu| \leq 0.5) \geq 0.95$ を満たす最小の標本サイズ n はいくらか。次の ①～⑤ のうちから適切なものを一つ選べ。 **20**

① 4　　② 7　　③ 11　　④ 16　　⑤ 22

〔2〕$n = 20$ のとき，$\bar{X} = 10.50$，$S^2 = 5.41$ を得たとする。そのとき，μ の 95 %信頼区間として，次の ①～⑤ のうちから適切なものを一つ選べ。 **21**

① $10.50 \pm \dfrac{2.093 \times \sqrt{5.41}}{\sqrt{20}}$　　② $10.50 \pm \dfrac{2.093 \times \sqrt{5.41}}{\sqrt{19}}$

③ $10.50 \pm \dfrac{2.086 \times \sqrt{5.41}}{\sqrt{20}}$　　④ $10.50 \pm \dfrac{2.086 \times \sqrt{5.41}}{\sqrt{19}}$

⑤ $10.50 \pm 2.086 \times \sqrt{5.41}$

問 11　次の表は，北海道および沖縄県において，過去 1 年間に野球（キャッチボールを含む）をおこなった 15 歳以上の割合（行動者率）をまとめたものである。

都道府県	標本サイズ	野球の行動者率（%）	15 歳以上の推定人口（千人）
北海道	4,633	7.1	4,542
沖縄県	2,849	9.2	1,150

資料：総務省「平成 28 年社会生活基本調査」

データは単純無作為抽出されたとして，以下の問いに答えよ。ただし，上の表の 15 歳以上の推定人口には誤差がなく真の 15 歳以上人口であるとして答えよ。

〔1〕北海道における野球の行動者の母比率の 95 %信頼区間として，次の ①～⑤ のうちから最も適切なものを一つ選べ。 **22**

① 0.071 ± 0.001　　② 0.071 ± 0.004

③ 0.071 ± 0.007　　④ 0.071 ± 0.010

⑤ 0.071 ± 0.503

〔2〕次の文章は北海道と沖縄県の全体における野球の行動者の母比率の推定について述べたものである。

「表の数値をそれぞれ

$$n_1 = 4633,\ \ \hat{p}_1 = 0.071,\ \ N_1 = 4542 \times 10^3,$$
$$n_2 = 2849,\ \ \hat{p}_2 = 0.092,\ \ N_2 = 1150 \times 10^3$$

とおく。このとき北海道と沖縄県の全体における野球の行動者の母比率の推定値は（ア）となり，その標準誤差は（イ）となる。」

文中の（ア），（イ）にあてはまるものの組合せとして，次の ① ～ ⑤ のうちから適切なものを一つ選べ。 **23**

① （ア） $\dfrac{N_1\hat{p}_1 + N_2\hat{p}_2}{N_1 + N_2}$　（イ） $\left|\sqrt{\dfrac{\hat{p}_1(1-\hat{p}_1)}{n_1}} - \sqrt{\dfrac{\hat{p}_2(1-\hat{p}_2)}{n_2}}\right|$

② （ア） $\dfrac{N_1\hat{p}_1 + N_2\hat{p}_2}{N_1 + N_2}$

（イ） $\sqrt{\left(\dfrac{N_1}{N_1+N_2}\right)^2 \dfrac{\hat{p}_1(1-\hat{p}_1)}{n_1} + \left(\dfrac{N_2}{N_1+N_2}\right)^2 \dfrac{\hat{p}_2(1-\hat{p}_2)}{n_2}}$

③ （ア） $\dfrac{\hat{p}_1 + \hat{p}_2}{2}$　（イ） $\dfrac{1}{2}\sqrt{\dfrac{\hat{p}_1(1-\hat{p}_1)}{n_1}} + \dfrac{1}{2}\sqrt{\dfrac{\hat{p}_2(1-\hat{p}_2)}{n_2}}$

④ （ア） $\dfrac{\hat{p}_1 + \hat{p}_2}{2}$　（イ） $\dfrac{1}{2}$

⑤ （ア） $\hat{p}_1 + \hat{p}_2$　（イ） $\sqrt{\dfrac{1}{n_1 + n_2}}$

問 12　次の表は，2017 年度プロ野球におけるリーグ毎の球団別ホームゲーム年間入場者数（単位は万人）である。

セントラル・リーグの球団別年間入場者数

球団 A	球団 B	球団 C	球団 D	球団 E	球団 F	平均	偏差平方和
218	303	198	296	201	186	233.7	13,549

パシフィック・リーグの球団別年間入場者数

球団 G	球団 H	球団 I	球団 J	球団 K	球団 L	平均	偏差平方和
209	177	167	145	161	253	185.3	7,763

資料：日本野球機構

各リーグ内において入場者数は独立で同一の分布に従い，かつ，セントラル・リーグとパシフィック・リーグの各球団の年間入場者数の母分散は等しいと見なし，両リーグの球団別年間入場者数の母平均に差があるかどうかを 2 つの方法で検定したい。

〔1〕2 つの母平均の差に関する t 検定を行う。t-値として，次の ① ～ ⑤ のうちから最も適切なものを一つ選べ。 **24**

① 0.07　② 0.33　③ 1.05　④ 1.82　⑤ 2.00

〔2〕同様の帰無仮説・対立仮説に対して，一元配置分散分析を行うことを考える。一元配置分散分析における F-値として，次の ① ～ ⑤ のうちから最も適切なものを一つ選べ。 **25**

① 0.14　② 1.11　③ 1.66　④ 3.30　⑤ 4.01

問 13　離散型の確率変数 X の分布が，次の P_0 または P_1 のいずれかであるとする。X の1回の観測に基づき，帰無仮説を H_0 : X の分布は P_0 である，対立仮説を H_1 : X の分布は P_1 である，とする検定を考える。

H_0 の下での X の分布 (P_0)

x	1	2	3	4	5	6
$P(X=x)$	0.1	0.1	0.1	0.15	0.25	0.3

H_1 の下での X の分布 (P_1)

x	1	2	3	4	5	6
$P(X=x)$	0.4	0.3	0.2	0.05	0.05	0

〔1〕棄却域を $X \leq 3$ とする検定（検定Ⅰとよぶことにする）に関する記述として，次の ①～⑤ のうちから適切なものを一つ選べ。 **26**

① この検定の第一種の過誤の確率は 0.3 で，第二種の過誤の確率は 0.7 である。

② この検定の第一種の過誤の確率は 0.7 で，第二種の過誤の確率は 0.9 である。

③ この検定の第一種の過誤の確率は 0.7 で，検出力は 0.1 である。

④ この検定の第一種の過誤の確率は 0.3 で，検出力は 0.9 である。

⑤ この検定の第一種の過誤の確率は 0.3 で，検出力は 0.1 である。

〔2〕棄却域を $X \leq 2$ とする検定を検定Ⅱとよび，棄却域を $X = 6$ とする検定を検定Ⅲとよぶことにする。検定Ⅰ，検定Ⅱ，検定Ⅲの比較に関する記述として，次の ①～⑤ のうちから適切なものを一つ選べ。 **27**

① 検定Ⅰと検定Ⅲはともに有意水準 0.3 の検定であり，検定Ⅲは検定Ⅰよりも検出力が高い。

② 検定Ⅰと検定Ⅲはともに有意水準 0.3 の検定であり，検定Ⅰは検定Ⅲよりも検出力が高い。

③ 検定Ⅰと検定Ⅱはともに有意水準 0.2 の検定であり，検定Ⅱは検定Ⅰよりも検出力が高い。

④ 検定Ⅰと検定Ⅱはともに有意水準 0.2 の検定であり，検定Ⅰは検定Ⅱよりも検出力が高い。

⑤ 検定Ⅰ，検定Ⅱ，検定Ⅲの検出力は等しい。

問 14 T さんは 47 都道府県別のデータを用いて次の重回帰モデルを推定した。

$$\log(\text{犯罪発生率}) = \alpha + \beta_1 \times \text{失業率} + \beta_2 \times \log(\text{賃金}) + \beta_3 \times \log(\text{警察官数}) + \text{誤差項}$$

ここで,「犯罪発生率」は人口 10 万人当たりの刑法犯認知件数（単位は人口 10 万対件数）,「失業率」は完全失業率（単位は%）,「賃金」は一般労働者の一ヶ月の 1 人当たりの平均給与額（単位は千円）,「警察官数」は人口 10 万人当たりの警察官数（単位は人口 10 万対人数）である。

統計ソフトウェアを利用して，上記の重回帰モデルを推定したところ，次の出力結果を得た。なお，出力結果の一部を加工している。

出力結果

```
Coefficients:
              Estimate  Std. Error  t value  Pr(>|t|)
(Intercept)   -7.08851    1.92346   -3.685   0.000635
失業率          0.09408    0.05541    1.698   0.096773
log(賃金)       2.41815    0.31781    7.609   1.71e-09
log(警察官数) -0.06498    0.22718   -0.286   0.776233
---

Residual standard error: 0.2077 on 43 degrees of freedom
Multiple R-squared: 0.6062,  Adjusted R-squared: 0.5787
F-statistic: 22.06 on 3 and 43 DF,  p-value: 8.353e-09
```

資料:警察庁「平成 28 年警察白書」
総務省「平成 28 年地方公務員給与実態調査」
総務省「人口推計（平成 28 年 10 月 1 日現在)」
総務省「労働力調査参考資料 2016 年平均都道府県別結果（モデル推計値)」
厚生労働省「平成 28 年賃金構造基本統計調査」

〔1〕失業率が 2.8，log(賃金) が 5.6，log(警察官数) が 5.3 のとき，log(犯罪発生率) の予測値として，次の ①～⑤ のうちから最も適切なものを一つ選べ。 **28**

① 2.5　② 3.0　③ 4.2　④ 5.6　⑤ 6.4

〔2〕β_3 の値は大体 -0.5 であるという主張があったとする。この説を検証するため仮説検定を行うことにした。帰無仮説 $\beta_3 = -0.5$，対立仮説 $\beta_3 \neq -0.5$ の仮説検定が棄却される有意水準として，次の ①～⑤ のうちから最も小さいものを一つ選べ。 **29**

① 0.1 %　② 1 %　③ 5 %　④ 10 %　⑤ 15 %

〔3〕次の記述 I ～ III は，出力結果に関するものである。

I. 有意水準 1％で 0 でない回帰係数（定数項を含む）の数は 2 である。
II. 賃金が高い都道府県では，犯罪発生率は低い傾向がある。
III. 自由度調整済み決定係数の値は約 0.58 である。

記述 I ～ III に関して，次の ① ～ ⑤ のうちから最も適切なものを一つ選べ。

30

① I のみ正しい。　② III のみ正しい。　③ I と II のみ正しい。
④ I と III のみ正しい。　⑤ II と III のみ正しい。

問 15　「冬は北からの風が多い」と言われている。そのことを確かめるために，ある都市について，2017 年 1 月 1 日から 12 月 31 日までの毎日の最多風向（以下「風向」）を調べた。冬季（1 月，2 月，11 月，12 月）とそれ以外の季節とに分けて「風向が北（北西，北北西，北，北北東，北東）の日」とそうでない日とを集計したところ，次の表を得た。

		風向	
		北	それ以外
季節	冬季	105	15
	それ以外	102	143

資料：気象庁「過去の気象データ」

〔1〕季節と風向の独立性の下での「冬季」に「風向が北である」期待度数として，次の ①～⑤ のうちから最も適切なものを一つ選べ。 **31**

① 41.15　② 51.95　③ 68.05　④ 106.05　⑤ 138.95

〔2〕季節と風向の独立性の検定を行うための χ^2 統計量の計算式として，次の ①～⑤ のうちから適切なものを一つ選べ。 **32**

① $\dfrac{(105-68.05)^2}{105}+\dfrac{(15-51.95)^2}{15}+\dfrac{(102-138.95)^2}{102}+\dfrac{(143-106.05)^2}{143}$

② $\dfrac{(105-68.05)^2}{68.05}+\dfrac{(15-51.95)^2}{51.95}+\dfrac{(102-138.95)^2}{138.95}+\dfrac{(143-106.05)^2}{106.05}$

③ $\dfrac{(105-68.05)^2+(15-51.95)^2+(102-138.95)^2+(143-106.05)^2}{365}$

④ $\left(\dfrac{105-68.05}{105}\right)^2+\left(\dfrac{15-51.95}{15}\right)^2+\left(\dfrac{102-138.95}{102}\right)^2+\left(\dfrac{143-106.05}{143}\right)^2$

⑤ $\left(\dfrac{105-68.05}{68.05}\right)^2+\left(\dfrac{15-51.95}{51.95}\right)^2+\left(\dfrac{102-138.95}{138.95}\right)^2+\left(\dfrac{143-106.05}{106.05}\right)^2$

〔3〕この表を用いて独立性の検定を行った際の結論について，次の①～⑤のうちから最も適切なものを一つ選べ。ただし，設問〔2〕の選択肢①～⑤の値は，それぞれ約 126.96, 69.04, 14.96, 6.39, 0.99 であることを用いてよい。 **33**

① χ^2 統計量の値が自由度 1 の χ^2 分布の下側 5%点よりも大きいので，有意水準 5%で帰無仮説を棄却する。すなわち，風向と季節には関連があるとはいえない。

② χ^2 統計量の値が自由度 1 の χ^2 分布の下側 5%点よりも大きいので，有意水準 5%で帰無仮説を棄却する。すなわち，風向と季節には関連があるといえる。

③ χ^2 統計量の値が自由度 1 の χ^2 分布の両側 5%点よりも大きいので，有意水準 5%で帰無仮説を棄却する。すなわち，風向と季節には関連があるといえる。

④ χ^2 統計量の値が自由度 1 の χ^2 分布の上側 5%点よりも大きいので，有意水準 5%で帰無仮説を棄却する。すなわち，風向と季節には関連があるとはいえない。

⑤ χ^2 統計量の値が自由度 1 の χ^2 分布の上側 5%点よりも大きいので，有意水準 5%で帰無仮説を棄却する。すなわち，風向と季節には関連があるといえる。

問 16 生徒数が 21 人のクラス A と 41 人のクラス B で数学の試験を行った。その点数の標準偏差はクラス A が 19.5，クラス B が 14.5 であった。ただし，標準偏差は不偏分散の平方根で計算している。次の文章はクラス間の等分散性の検定について述べたものである。

> 各々のテストの点数は正規分布に従うと仮定する。帰無仮説を「クラス間の分散が等しい」，対立仮説を「クラス間の分散が等しくない」とおき，有意水準 5%で検定する。自由度 (20, 40) の F 分布に従う統計量を計算すると (ア) となり，有意水準 5%の検定より帰無仮説を (イ)。

文中の (ア)，(イ) にあてはまるものの組合せとして，次の①～⑤のうちから最も適切なものを選べ。 **34**

① (ア) 1.34 (イ) 棄却する

② (ア) 1.81 (イ) 棄却しない

③ (ア) 1.81 (イ) 棄却する

④ (ア) 2.13 (イ) 棄却しない

⑤ (ア) 2.13 (イ) 棄却する

統計検定２級　2018年６月　正解一覧

次ページ以降に解説を掲載しています。問題の趣旨やその考え方を理解するために活用してください。

問		解答番号	正解
問1	〔1〕	1	⑤
	〔2〕	2	②
問2	〔1〕	3	①
	〔2〕	4	⑤
	〔3〕	5	①
問3	〔1〕	6	⑤
	〔2〕	7	②
	〔3〕	8	⑤
問4	〔1〕	9	③
	〔2〕	10	②
問5		11	②
問6		12	⑤
問7	〔1〕	13	⑤
	〔2〕	14	①
問8	〔1〕	15	②
	〔2〕	16	③
	〔3〕	17	②
問9	〔1〕	18	④
	〔2〕	19	④
問10	〔1〕	20	④
	〔2〕	21	①
問11	〔1〕	22	③
	〔2〕	23	②
問12	〔1〕	24	④
	〔2〕	25	④
問13	〔1〕	26	④
	〔2〕	27	②
問14	〔1〕	28	⑤
	〔2〕	29	④
	〔3〕	30	④
問15	〔1〕	31	③
	〔2〕	32	②
	〔3〕	33	⑤
問16		34	②

問1

〔1〕 **1** ・・・・・・・・・・・・・・・・・・・・・・・・・・・・・・・・・・・・・・ 正解 ⑤

総得点は非負の整数値である。したがって，総得点の箱ひげ図は図Ⅲである。また，図Ⅱと図Ⅲの縦軸を比較すると，図Ⅱの縦軸は図Ⅲから平均を引いた偏差を表しており，図Ⅰは図Ⅱをさらに標準化して標準偏差を1とした箱ひげ図であることが分かる。以上から，図Ⅰが標準化得点，図Ⅱが偏差である。

よって，正解は ⑤ である。

〔2〕 **2** ・・・・・・・・・・・・・・・・・・・・・・・・・・・・・・・・・・・・・・ 正解 ②

図Ⅰにおいて，標準化得点の絶対値が2以上となる観測値が，年間総得点の平均から標準偏差の2倍以上離れた観測値である。そのような観測値は1個である。データに立ち返っても，$54.45 + 11.77 \times 2 = 77.99$ より大きいのは名古屋だけである。$54.45 - 11.77 \times 2 = 30.91$ より小さいチームはない。

よって，正解は ② である。

問2

〔1〕 **3** ・・・・・・・・・・・・・・・・・・・・・・・・・・・・・・・・・・・・・・ 正解 ①

Ⅰ：正しい。散布図を見ると右上がりの正の相関関係が見られ，相関係数は約0.77となる。

Ⅱ：正しい。相関係数は異常値に左右されやすい。東京都を除くと，相関係数は約0.62となる。

Ⅲ：誤り。人口と常設映画館数の間には正の相関が認められる。

以上から，正しい記述はⅠとⅡのみなので，正解は ① である。

〔2〕 **4** ・・・・・・・・・・・・・・・・・・・・・・・・・・・・・・・・・・・・・・ 正解 ⑤

Ⅰ：誤り。散布図の横軸で人口が同程度にある都道府県の縦軸の一般病院病床数を比較してみると，北海道の一般病院病床数が多い水準にあることが分かる。

Ⅱ：正しい。散布図でおおむね直線上に分布している（実際の相関係数は約0.94）ため，1人当たりの病床数はあまり差がないということが見て取れ，一般病院病床数の変動係数よりも，1人当たりの病床数の変動係数が小さいと判断される。実際に変動係数を計算すると，病床数の変動係数が約0.84で，1人当たり病床数の変動係数が約0.24である。

Ⅲ：誤り。散布図の右側にある人口が多い9都道府県について見ても，右上がりの正の相関関係が見て取れる。

以上から，正しい記述はⅡのみなので，正解は ⑤ である。

〔3〕 **5** ………………………………………… 正解 ①

Ⅰ：正しい。常設映画館数と一般病院病床数をそれぞれ人口に回帰させたときの残差はそれぞれの変数から人口の影響を除去した値であり，それらの相関係数は偏相関係数とよばれる。

Ⅱ：正しい。左の散布図より，常設映画館数と一般病院病床数には強い正の相関があることが分かる（相関係数は約 0.81）。一方，残差の散布図より偏相関係数はこれよりかなり低くなることが読み取れる（偏相関係数は約 0.42）。よって，人口を媒介とする見かけの相関と思われる。なお，偏相関係数は人口をコントロールしてもまだ約 0.42 であるので，常設映画館数と一般病院病床数の両方に影響を与える他の媒介要因があると思われる。

Ⅲ：誤り。病院と併設している映画館の存在について，これらの散布図から読み取ることはできない。

以上から，正しい記述はⅠとⅡのみなので，正解は ① である。

問3

〔1〕 **6** ………………………………………… 正解 ⑤

5 か国の人口および所得の累積相対度数は下表のとおりである。横軸に人口の累積相対度数，縦軸に所得の累積相対度数をとって図示した場合，問題中の図に最も近いのはドイツである。スウェーデンのローレンツ曲線も似た形になるように思われるが，たとえば，人口の累積相対度数が 60%のときの所得の累積相対度数を比べると，スウェーデンは 40%を上回っているのに対し，ドイツは 40%より下回っているなどの違いにより識別することができる。

よって，正解は ⑤ である。

人口の累積相対度数	20	40	60	80	100
所得の累積相対度数					
日本	5.4	16.1	32.4	56.5	100.0
アメリカ	5.1	15.4	30.8	53.5	99.9
スウェーデン	8.7	23.0	40.8	63.8	100.0
中国	5.2	15.0	29.9	52.2	100.1
ドイツ	8.4	21.5	38.7	61.4	100.0

（注）小数点以下 2 位を四捨五入しているため，所得の相対度数の合計は 100 とは限らない。

〔2〕 **7** ……………………………………… 正解 ②

ジニ係数は，ローレンツ曲線と完全平等線で囲まれた面積の 2 倍で定義される。ドイツのジニ係数は次のように求める。

$$[(0.2-0.084)\times 0.2/2+\{(0.2-0.084)+(0.4-0.215)\}\times 0.2/2+\{(0.4-0.215)+(0.6-0.387)\}\times 0.2/2+\{(0.6-0.387)+(0.8-0.614)\}\times 0.2/2+(0.8-0.614)\times 0.2/2]\times 2$$
$$=(0.2-0.084)\times 0.2+\{(0.2-0.084)+(0.4-0.215)\}\times 0.2+\{(0.4-0.215)+(0.6-0.387)\}\times 0.2+\{(0.6-0.387)+(0.8-0.614)\}\times 0.2+(0.8-0.614)\times 0.2$$
$$=(0.116+0.116+0.185+0.185+0.213+0.213+0.186+0.186)\times 0.2$$
$$=0.28$$

よって，正解は ② である。

（コメント）ジニ係数は，ローレンツ曲線と完全平等線で囲まれた面積が 25 個の小さな正方形の大きさのどのくらい分に相当するかを利用して見積もることができる。たとえば，第 1 五分位階級の三角形は正方形の約 1/4 個分，第 2 五分位階級の台形は約 3/4 個分，第 3 五分位階級の台形は約 1 個分，第 4 五分位階級の台形は約 1 個分，第 5 五分位階級の三角形は約 1/2 個分なので，これらの合計は約 7/2 個分となる。小さな正方形の数は 25 個なので，25 個の中の 7/2 個の 2 倍は 7/25 = 0.28 となる。

〔3〕 **8** ……………………………………… 正解 ⑤

Ⅰ：正しい。すべての国およびすべての五分位階級において，『人口の累積相対度数』≧『所得の累積相対度数』が成立する。横軸に人口の累積相対度数，縦軸に所得の累積相対度数をとって図示した場合，ローレンツ曲線は完全平等線の下に弧を描く。

Ⅱ：誤り。所得の累積相対度数を日本・アメリカ・ドイツで比較すると，すべての五分位階級でアメリカ＜日本＜ドイツが成立している。したがって，ジニ係数を比較するとアメリカ＞日本＞ドイツとなり，ドイツが最も小さい。また，ジニ係数は大きいほど不平等を表すため，「アメリカのジニ係数が最小であるから，最も不平等」という記述は誤りである。

Ⅲ：正しい。所得の累積相対度数を中国とスウェーデンで比較すると，すべての五分位階級で中国＜スウェーデンが成立している。これより，ローレンツ曲線を描いたときに，中国の方が完全平等線から遠く，不平等であることが分かる。

以上から，正しい記述はⅠとⅢのみなので，正解は⑤である。

問4

〔1〕 **9** ………………………………………… 正解 ③

変化率は，

$$\frac{87.5-89.5}{89.5} \fallingdotseq -0.022$$

よって，正解は③である。

〔2〕 **10** ………………………………………… 正解 ②

平均の変化率は幾何平均を用いる。【条件】より，

$$89.5 \times \left(1+\frac{r}{100}\right)^5 = 100.0$$

これを r について解くと，

$$\left(1+\frac{r}{100}\right)^5 = \frac{100.0}{89.5}$$

$$1+\frac{r}{100} = \left(\frac{100.0}{89.5}\right)^{1/5}$$

$$r = 100\left\{\left(\frac{100.0}{89.5}\right)^{1/5} - 1\right\}$$

よって，正解は②である。

問5

11 ………………………………………… 正解 ②

フィッシャーの3原則は，均一にできない実験条件を無作為に割り当てることによって，予期されるまたは予期されない偏りを防ぐ「無作為化 (randomization)」，ばらつきの大きさを見積もるための「繰り返し (replication)」，実験の条件でできるだけ均一になるようにする「局所管理 (local control)」である。

よって，正解は②である。

問6

12 ………………………………………… 正解 ⑤

①：誤り。単純無作為抽出は，母集団から（グループ分けなどは行わず）すべての個体が等しい確率で選ばれる標本抽出であるので，選ばれた標本の男女比が母集団の男女比と一致することを目的としない。

②：誤り。系統抽出は，等間隔抽出ともよばれ，母集団の要素に通し番号を振り，初めの抽出単位を無作為に抽出した後は，母集団の通し番号から等間隔に標本を抽出する方法である。

③：誤り。多段抽出は，大規模調査において単純無作為抽出における母集団リストの作成，地理的に調査対象が散らばった際の調査費用・労力・管理コストの削減を目的とした手法である。たとえば，2段抽出とは，全国での世帯の調査において，1段目として全国から市区町村を抽出して，次に2段目として世帯を抽出するような方法であり，3段抽出とは，1段目として全国から市区町村を抽出して，次に2段目として市区町村内に設定された世帯を抽出し，3段目として最後に世帯を抽出するような方法である。

④：誤り。集落（クラスター）抽出は，上記の多段抽出と同様に単純無作為抽出の問題点を解決するための手法である。母集団を集落とよばれる部分母集団に分割して，集落を無作為に抽出して，抽出された集落の要素についてはすべて調べる方法である。たとえば，全国での世帯の調査の際に，全国から市区町村を無作為に抽出して，選ばれた市区町村内の世帯についてはすべて調べ上げる調査方法である。

⑤：正しい。層化（層別）抽出は，層とよばれる集団に分割する。このとき，層内がなるべく均質になるようにする。各層から別々に抽出を行うことによって，層内の推定の精度を上げる手法であり，個人の調査であれば性別，居住地域，職業など，企業の調査であれば資本金額，従業員数などが層の作成（層別）の際の基準となる。各層から抽出する標本の配分についてはいくつかの方法があるが，最も多く用いられているのは，各層の大きさに比例させる比例配分であり，そのようにすると母集団における層の構成比と標本における層の構成比を同じにすることができる。設問の方法は比例配分である。

よって，正解は⑤である。

（コメント）①単純無作為抽出は，最も簡単な抽出方法であり，標本抽出法の基本となるものであるが，母集団全体の名簿（母集団リスト）が必要であり，大きな母集団においては現実的には適用されにくい。また，大きな母集団からの無作為抽出は現実的に難しい場合があり，抽出した結果の標本が母集団の姿から大きく異なる可能性もある。②系統抽出は，抽出が簡単で間違いが少ないこと，標本を母集団全体に散らばらせることができるというメリットがあり，統計調査でしばしば用いられるが，母集団の並び方に周期性があるときは精度が落ちる。系統抽出も実施には母集団全体の名簿（母集団リスト）が必要となる。③多段抽出は，一段目の抽出単位間の類似性が確保されず母集団の姿を反映していない場合は推定精度が落ちる。これは選ばれた市区町村部がたまたま郡部ばかりで都市部が選ばれていない状況などで理解されよう。また，段数が増えるほど，推定の精度が落ちるため，層化（層別）抽出と多段抽出を組み合わせた層化（層別）抽出があり，実際の統計調査などでも多く用いられている。④集落（クラスター）抽出は，時間と費用を節約できるが，多段抽出と同様にクラスター間の類似性が確保されず母集団の姿を反映していない場合は推定精度が落ちる。⑤層化（層別）抽出は，推定の精度を上げるためだけではなく，各県別集計や男女別集計のように調査上の目的によって，層別が行われることがある。層内の均一性が少ない場合は，単純無作為抽出よりも精度が落ちる場合があることに注意する。

問7

〔1〕 **13** ……………………………………………… 正解 ⑤

1，2回目に「T君－U君」と勝つ確率が pq，1回目にはT君に負け，2，3回目に「U君－T君」と勝つ確率が $(1-p)qp$ である。つまり，求める確率は $pq+(1-p)qp$ である。

よって，正解は⑤である。

〔2〕 **14** ……………………………………………… 正解 ①

「U君－T君－U君」の順で勝負して勝つ確率は〔1〕と同様に考えると $qp+pq-qpq$ である。$0<p<q<1$ に注意すると

$$(pq+qp-pqp)-(qp+pq-qpq)=pq\,(q-p)>0$$

したがって，p と q の具体的な値によらず，T君と2回対戦する「T君－U君－T君」の方がS君が勝つ確率が高いので，「U君－T君－U君」の順にするS君の選択は好ましくない。

よって，正解は①である。

問8

〔1〕 **15** ……………………………… 正解 ②

ある年における6月の電気料金を X とおく。$Z=(X-4000)/500$ は標準正規分布に従うので，求めたい確率は，

$$
\begin{aligned}
&P(X \geq 4800) \\
&= P\left(Z \geq \frac{4800-4000}{500}\right) \\
&= P(Z \geq 1.6) \\
&\fallingdotseq 0.0548
\end{aligned}
$$

となる。

よって，正解は ② である。

〔2〕 **16** ……………………………… 正解 ③

ある年における6月の電気料金を X，その前年の6月の電気料金を Y とおく。$X-Y$ は平均0，分散 $500^2 \times 2$ の正規分布に従う。$W=(X-Y)/(500\sqrt{2})$ は標準正規分布に従うので，求めたい確率は，

$$
\begin{aligned}
&P(X-Y \geq 800) \\
&= P\left(W \geq \frac{800}{500\sqrt{2}}\right) \\
&\fallingdotseq P(W \geq 1.13) \\
&\fallingdotseq 0.1292
\end{aligned}
$$

となる。

よって，正解は ③ である。

〔3〕 **17** ……………………………… 正解 ②

ある年における6月の電気料金を X，その前年の6月の電気料金を Y，前々年の6月の電気料金を Z とおく。求めたい確率は，

$$P(X>Y \text{ かつ } X>Z)$$

である。正規分布は連続分布なので，X，Y，Z のうち少なくとも2つが等しいという事象が生じる確率は0であることに注意すると，事象 $(X>Y$ かつ $X>Z)$ は事象 $(Y>X$ かつ $Y>Z)$ および事象 $(Z>X$ かつ $Z>Y)$ と排反でこれらのどれかが生じる。また，X，Y，Z が独立であることから，これらの事象は同

じ確率で生じる。つまり，$P(X > Y$ かつ $X > Z)$ は $P(Y > X$ かつ $Y > Z)$，$P(Z > X$ かつ $Z > Y)$ と等しく，またこれらの和は1であるから，答えは $1/3 \fallingdotseq 0.333$ である。

よって，正解は ② である。

（コメント）正規分布は連続分布なので，X，Y，Z のうち少なくとも2つが等しいという事象が生じる確率は0であることに注意すると，3つの連続な独立同一分布に従う確率変数について，どれが最大になるかは同様に確からしいので，確率は $1/3$ という議論をしている。

積分で求める解答は以下である。X，Y，Z は同一の分布であるので，互いに独立に標準正規分布に従うとしてもよい。ここで，求める確率は $P(Z = \max(X, Y, Z)) = P(Z > X, Z > Y)$ である。標準正規分布の累積分布関数と確率密度関数を $\Phi(\cdot), \phi(\cdot)$ とそれぞれ表す。条件 $Z = z$ の下で X，Y は独立なので，

$$P(X < z, Y < z \mid z) = P(X < z)\, P(Y < z) = \Phi(z)^2$$

である。ここで Z に関する期待値をとれば，

$$P(Z > X, Z > Y) = \int_{-\infty}^{\infty} \Phi(z)^2 \phi(z)\, dz = \frac{1}{3}\left[\Phi(z)^3\right]_{-\infty}^{\infty} = \frac{1}{3}$$

を得る。

問9

〔1〕 **18** ………………………… 正解 ④

$$E[X^2] = V[X] + E^2[X] = 1.0 + (2.0)^2 = 5.0$$
$$E[Y^2] = V[Y] + E^2[Y] = 1.0 + (3.0)^2 = 10.0$$
$$\mathrm{Cov}[X, Y] = E[XY] - E[X]E[Y] = 6.3 - (2.0) \times (3.0) = 0.3$$

よって，正解は ④ である。

〔2〕 **19** ………………………… 正解 ④

$$\mathrm{Cov}[U, V] = 3 \times (-2) \times \mathrm{Cov}[X, Y] = -1.8$$
$$r[X, Y] = \frac{\mathrm{Cov}[X, Y]}{\sqrt{V(X)V(Y)}} = \frac{0.3}{\sqrt{1 \times 1}} = 0.3$$
$$r[U, V] = \mathrm{sign}(3 \times (-2))\, r[X, Y] = (-1) \times 0.3 = -0.3$$

（ここで，sign は符号関数であり正の数には1，0 には0，負の数には -1 を返す関数。）

よって，正解は ④ である。

問10

〔1〕 **20** ……………………………………… 正解 ④

$\bar{X}$ は $N(\mu, 1/n)$ に従うので，標準化した $\left(\bar{X}-\mu\right)/\sqrt{1/n}$ は標準正規分布 $N(0,1)$ に従い，

$P\left(-1.96 \leq \dfrac{(\bar{X}-\mu)}{\sqrt{\frac{1}{n}}} \leq 1.96\right) \fallingdotseq 0.95$ となる。$1.96\sqrt{\dfrac{1}{n}} = 0.5$ を n について解くと 15.366。

よって，正解は ④ である。

〔2〕 **21** ……………………………………… 正解 ①

$\left(\bar{X}-\mu\right)/\sqrt{S^2/n}$ は自由度 $n-1$ の t 分布に従う。t 分布のパーセント点の表から，自由度 19 の上側 2.5 パーセント点は 2.093 であるので，

$$
\begin{aligned}
&P\left(-2.093 \leq \frac{(\bar{X}-\mu)}{\sqrt{\frac{S^2}{n}}} \leq 2.093\right) \\
&= P\left(\bar{X} - 2.093\sqrt{\frac{S^2}{n}} \leq \mu \leq \bar{X} + 2.093\sqrt{\frac{S^2}{n}}\right) = 0.95
\end{aligned}
$$

与えられた値より，$\bar{X} \pm \dfrac{2.093 \times \sqrt{S^2}}{\sqrt{n}} = 10.50 \pm \dfrac{2.093 \times \sqrt{5.41}}{\sqrt{20}}$ となる。

よって，正解は ① である。

問 11

〔1〕 **22** ………………………………………… 正解 ③

母比率の推定値である標本比率を $\hat{p}$，標本サイズを n とし，n が大きいとき，$\hat{p}$ の分布は期待値 p，分散 $p(1-p)/n$ の正規分布で近似できる。また，標準誤差は，

$$\sqrt{\frac{\hat{p}(1-\hat{p})}{n}}$$

で近似できる。北海道の野球の行動者率は 7.1%，標本サイズは 4,633 人であるから，標準誤差は，

$$\sqrt{\frac{0.071 \times (1-0.071)}{4633}} \fallingdotseq 0.0038$$

となる。したがって母比率の 95%信頼区間は，

$$0.071 \pm 1.96 \times 0.0038 = 0.071 \pm 0.007$$

となる。

よって，正解は ③ である。

〔2〕 **23** ………………………………………… 正解 ②

北海道と沖縄県の人口をそれぞれ N_1, N_2 とし，母比率を p_1, p_2，標本比率を $\hat{p}_1, \hat{p}_2$，標本サイズを n_1, n_2 とおく。2 つの道県全体における母比率 p は，

$$p = \frac{N_1 p_1 + N_2 p_2}{N_1 + N_2}$$

であるから，その推定値は，

$$\hat{p} = \frac{N_1 \hat{p}_1 + N_2 \hat{p}_2}{N_1 + N_2}$$

で与えられる（ア）。

この $\hat{p}$ の分散は，

$$\begin{aligned} V[\hat{p}] &= \left(\frac{N_1}{N_1+N_2}\right)^2 V[\hat{p}_1] + \left(\frac{N_2}{N_1+N_2}\right)^2 V[\hat{p}_2] \\ &= \left(\frac{N_1}{N_1+N_2}\right)^2 \frac{p_1(1-p_1)}{n_1} + \left(\frac{N_2}{N_1+N_2}\right)^2 \frac{p_2(1-p_2)}{n_2} \end{aligned}$$

である。よって $\hat{p}$ の標準誤差は，

$$se(\hat{p}) = \sqrt{\left(\frac{N_1}{N_1+N_2}\right)^2 \frac{\hat{p}_1(1-\hat{p}_1)}{n_1} + \left(\frac{N_2}{N_1+N_2}\right)^2 \frac{\hat{p}_2(1-\hat{p}_2)}{n_2}}$$

と近似できる（イ）。

よって，正解は ② である。

（コメント）参考までに p の推定値と標準誤差の値を計算しておく。上で得た式に

$$N_1 = 4542 \times 10^3,\ N_2 = 1150 \times 10^3,$$
$$\hat{p}_1 = 0.071,\ \hat{p}_2 = 0.092,$$
$$n_1 = 4633,\ n_2 = 2849$$

を代入して計算すると，p の推定値は，

$$\begin{aligned}\hat{p} &= \frac{4542 \times 0.071 + 1150 \times 0.092}{4542 + 1150} \\ &= 0.798 \times 0.071 + 0.202 \times 0.092 \\ &= 0.075\end{aligned}$$

となり，標準誤差は，

$$\begin{aligned}se\,(\hat{p}) &= \sqrt{0.798^2 \times 0.0038^2 + 0.202^2 \times 0.0054^2} \\ &= 0.0032\end{aligned}$$

となる。

問12

〔1〕 **24** ·· 正解 ④

2つの母集団からの無作為標本を $x_1, \ldots, x_m, y_1, \ldots, y_n$ とすると，母分散が未知で等しい場合の母平均の差の検定における t 統計量の計算式は，

$$t = \frac{\overline{x} - \overline{y}}{\sqrt{\left(\frac{1}{m} + \frac{1}{n}\right) \frac{\sum (x_i - \overline{x})^2 + \sum (y_i - \overline{y})^2}{m + n - 2}}}$$

で与えられる。ただし，$\overline{x} = \sum x_i / m$，$\overline{y} = \sum y_i / n$。問題文より，$m = n = 6$，$\overline{x} = 233.7$，$\overline{y} = 185.3$，$\sum (x_i - \overline{x})^2 = 13549$，$\sum (y_i - \overline{y})^2 = 7763$ を代入して，

$$t = \frac{233.7 - 185.3}{\sqrt{\left(\frac{1}{6} + \frac{1}{6}\right) \frac{13549 + 7763}{6 + 6 - 2}}} = \frac{48.4}{\sqrt{\frac{21312}{30}}} = 1.8159 \ldots \fallingdotseq 1.82$$

を得る。

よって，正解は ④ である。

〔2〕 **25** ·· 正解 ④

F 比は t 値の 2 乗であるから，$F = (1.8159 \ldots)^2 \fallingdotseq 3.30$ を得る。

よって，正解は ④ である。

（コメント）あるいは総平方和を 28321 と計算し，誤差の平方和を $13549 + 7763 = 21312$ と偏差平方和から求め，リーグに関する平方和を $28321 - 21312 = 7009$ と得て，分散分析表を作成して F 比を求めても $7009/2103.2 \fallingdotseq 3.29$ となる。

問13

〔1〕 **26** ·· 正解 ④

検定 I の第一種の過誤の確率は，H_0 の下で $X \leq 3$ となる確率である。これを表より求めると $0.1 + 0.1 + 0.1 = 0.3$ となる。また，第二種の過誤の確率は H_1 の下で $X > 3$ となる確率であるから，表より $0.05 + 0.05 + 0 = 0.1$ となる。また検出力は第二種の過誤の確率を 1 から引いたものであるので $1 - 0.1 = 0.9$ となる。

よって，正解は ④ である。

〔2〕 **27** …………………………………………… 正解 ②

有意水準 α の検定とは第一種の過誤の確率が α 以下となる検定のことである。検定Ⅰ，Ⅱ，Ⅲの第一種の過誤の確率と検出力をそれぞれ求めると以下の表のようにまとめられる。

	第一種の過誤の確率	検出力
検定Ⅰ	0.3	0.9
検定Ⅱ	0.2	0.7
検定Ⅲ	0.3	0

この表をもとにそれぞれの選択肢を検討すると以下のようになる。

①：誤り。検定Ⅲは検定Ⅰよりも検出力が低い。

②：正しい。検定Ⅰと検定Ⅲはともに有意水準 0.3 の検定であり，検定Ⅰは検定Ⅲよりも検出力が高い。

③：誤り。検定Ⅱは有意水準 0.2 の検定であるが，検定Ⅰは有意水準 0.2 の検定ではない。

④：誤り。検定Ⅱは有意水準 0.2 の検定であるが，検定Ⅰは有意水準 0.2 の検定ではない。また，検定Ⅱは検定Ⅰよりも検出力が低い。

⑤：誤り。検定Ⅰ，Ⅱ，Ⅲの検出力は相異なる。

よって，正解は ② である。

問 14

〔1〕 **28** …………………………………………… 正解 ⑤

出力結果より，推定された回帰式

$$\log(\text{犯罪発生率}) \fallingdotseq -7.09 + 0.09(\text{失業率}) + 2.42\log(\text{賃金}) - 0.06\log(\text{警察官数})$$

に，失業率 $= 2.8$，$\log(\text{賃金}) = 5.6$，$\log(\text{警察官数}) = 5.3$ を代入すると，

$$-7.09 + 0.09 \times 2.8 + 2.42 \times 5.6 - 0.06 \times 5.3 = 6.396$$

よって，正解は ⑤ である。

〔2〕 **29** ……………………………………………… **正解** ④

帰無仮説 $\beta_3 = -0.5$，対立仮説 $\beta_3 \neq -0.5$ の仮説検定の t 値は，

$$\frac{-0.06498 - (-0.5)}{0.22718} = 1.914869$$

t 統計量の自由度は $47 - 4 = 43$ である。t 分布のパーセント点の表で自由度 40 と自由度 60 の箇所を見ると，上記の値 (の絶対値) はどちらの自由度のもとでも，上側 2.5%点よりも小さく，上側 5%点よりも大きい。したがって，両側 5%を有意水準とすると仮説は棄却されず，両側 10%を有意水準とすると仮説は棄却されるため，10%が最も小さい有意水準である。

よって，正解は **④** である。

〔3〕 **30** ……………………………………………… **正解** ④

Ⅰ：正しい。定数項を含む回帰係数の中で，P 値 $(Pr(>|t|))$ の値が 0.01 よりも小さいのは，定数項と log (賃金) にかかる係数で 2 つである。

Ⅱ：誤り。log (賃金) にかかる係数は約 2.41 と正であるので，賃金が高い都道府県では，犯罪発生率は高い傾向にある。

Ⅲ：正しい。Adjusted R-squared の値を見ると約 0.58 である。

以上から，正しい記述はⅠとⅢのみなので，正解は **④** である。

問15

〔1〕 **31** ························ 正解 ③

季節と風向の独立性の下での「冬季」に「風向が北である」期待度数は，

$$(105+15+102+143)\times\frac{105+102}{(105+15+102+143)}\times\frac{105+15}{(105+15+102+143)}$$
$$=68.05479$$

よって，正解は ③ である。

〔2〕 **32** ························ 正解 ②

独立性の検定のカイ 2 乗検定統計量は，

$$\frac{(\text{観測値}-\text{期待度数})^2}{\text{期待度数}}$$

をすべてのセルに対して計算して合計したものである。

よって，正解は ② である。

〔3〕 **33** ························ 正解 ⑤

独立性の検定のカイ 2 乗検定は，独立性の下では自由度 (列数 − 1) × (行数 − 1) = (2 − 1) × (2 − 1) = 1 のカイ 2 乗分布に従い，独立ではないときに大きい値となるので，独立であるという帰無仮説を棄却する。検定統計量の値は 69.04 であり，自由度 1 のカイ 2 乗分布の上側 5%点は 3.84 であるので，風向と季節の間の独立性の仮説は棄却され，関連があるとの結論を得る。

よって，正解は ⑤ である。

問16

34 ……………………………………………… 正解 ②

ア：F値は，

$$\frac{19.5^2}{14.5^2} = 1.808561 \fallingdotseq 1.81$$

となる。

イ：F分布のパーセント点の表より，自由度$(20, 40)$の F分布の上側 2.5%点は 2.068 である。ここで，自由度 (m, n) の F 分布に従う確率変数の逆数は自由度 (n, m) の F 分布に従うことに注意すると，自由度 $(20, 40)$ の F 分布の下側 2.5%点は自由度 $(40, 20)$ の F 分布の上側 2.5%点の逆数 $1/2.287 = 0.437254$ であり，F 値は上側 2.5%点と下側 2.5%点の間にあるので，分散が等しいという帰無仮説を「棄却しない」。

よって，正解は ② である。

PART 6

2級
2017年11月
問題／解説

2017年11月に実施された
統計検定2級で実際に出題された問題文を掲載します。
問題の趣旨やその考え方を理解できるように、
正解番号だけでなく解説を加えました。

※実際の試験では統計数値表が問題文の末尾にあります。本書では巻末に「付表」として掲載しています。

問 1　次の表は，韓国，中国，マレーシア，フランス，米国から観光・レジャー目的で訪日した外国人の日本国内での滞在日数の相対度数分布表である。相対度数はパーセント単位で与えられている。

階級	滞在日数	韓国	中国	マレーシア	フランス	米国
(A)	3 日間以内	32.14	0.65	2.82	0.93	7.48
(B)	4 ～ 6 日間	61.30	54.68	34.86	5.25	19.07
(C)	7 ～ 13 日間	5.89	42.18	56.51	35.80	50.28
(D)	14 ～ 20 日間	0.35	2.04	4.93	38.27	18.02
(E)	21 ～ 27 日間	0.09	0.04	0.53	（ア）	2.41
(F)	28 ～ 90 日間	0.21	0.41	0.35	5.25	2.74
(G)	91 日以上 1 年未満	0.02	0.00	0.00	0.62	0.00

資料：観光庁「平成 28 年訪日外国人消費動向調査」

〔1〕（ア）に入る数値はいくらか。次の ① ～ ⑤ のうちから最も適切なものを一つ選べ。 **1**

① 13.58　② 13.68　③ 13.78　④ 13.88　⑤ 13.98

〔2〕上の表から読み取れる情報として，次の ① ～ ⑤ のうちから最も適切なものを一つ選べ。 **2**

① 滞在日数が 1 週間未満である人の割合が最も高いのは中国である。

② 米国からの訪日観光客で最も割合が高い階級は (B) である。

③ マレーシアからの訪日観光客で 1 週間以上滞在する人の割合は 50%未満である。

④ 韓国からの訪日観光客で滞在日数が 1 週間未満である人の割合は 80%未満である。

⑤ 滞在日数の中央値が最も大きい国はフランスである。

〔3〕米国からの訪日観光客の滞在日数に関する相対度数分布のグラフとして，次の①～⑤のうちから最も適切なものを一つ選べ。 **3**

①

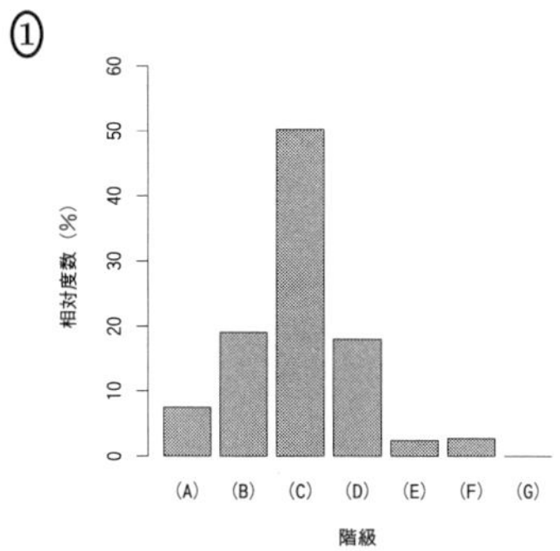

②

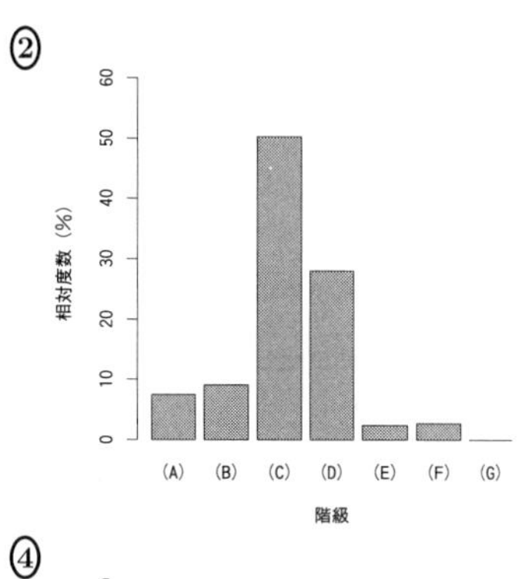

③

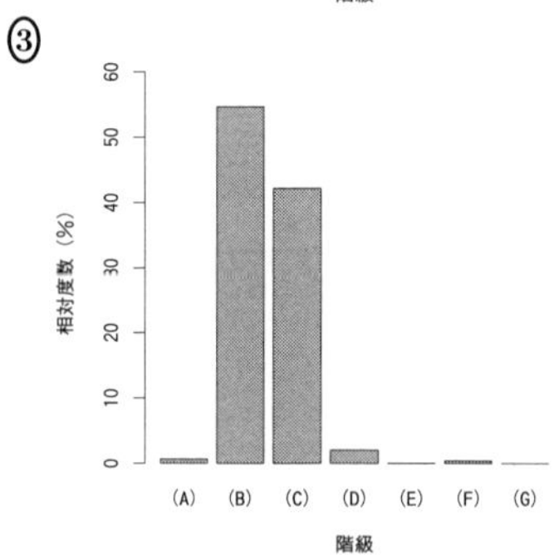

④

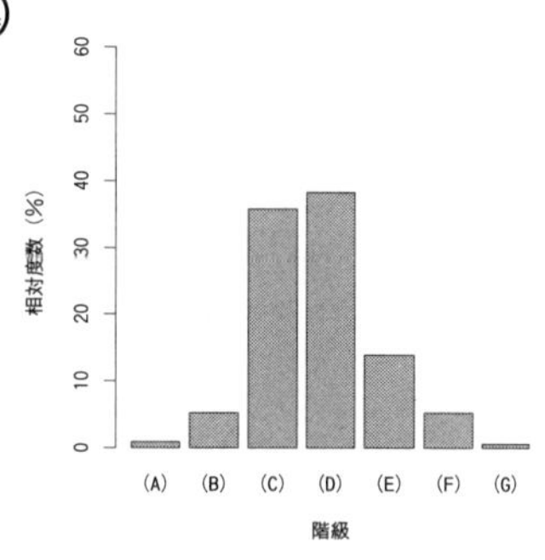

⑤

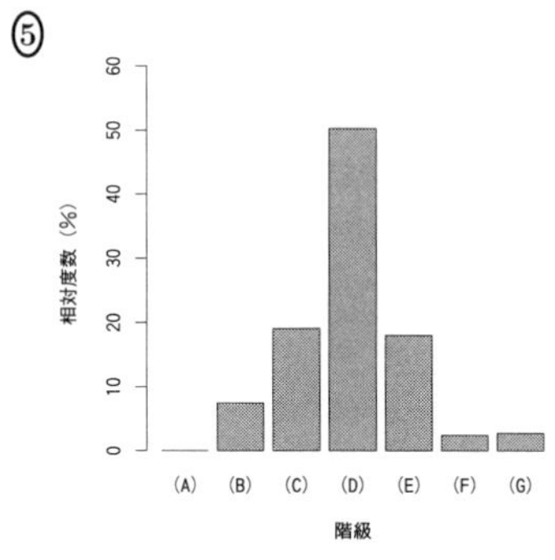

問 2　A さんの学級では，データを利用して「自分たちが住んでいる街の桜の開花日を予想する」という課題に取り組んでいる。目的変数は「桜の開花日」，説明変数は 3 月上旬と中旬における「平均気温（℃）」,「降水量の合計（mm）」,「日照時間の合計（時間）」を用いることになった。次の表は，用いたデータの一部を表している。ただし,「桜の開花日」については，3 月 31 日を「0」とし，例えば 4 月 3 日は「3」，3 月 27 日は「−4」というように数値化している。

年	平均気温	降水量の合計	日照時間の合計	桜の開花日
1965	4.10	62.9	76.8	16
1966	7.75	191.7	62.8	3
1967	6.10	70.8	120.0	3
1968	4.75	94.0	101.0	6
1969	3.85	124.0	79.8	9
⋮	⋮	⋮	⋮	⋮
2013	8.70	73.5	109.5	−3
2014	5.35	154.5	73.2	0
2015	6.75	190.5	50.0	0
2016	8.25	64.5	80.5	−4
2017	6.10	90.0	95.1	

資料：気象庁「さくらの開花日」,「過去の気象データ」

それぞれの変数について，1965 年から 2016 年までのデータを用いて統計量を計算したところ，次の表を得た。

	平均気温	降水量の合計	日照時間の合計	桜の開花日
最小値	2.00	46.0	40.0	−5.00
最大値	9.20	193.0	120.0	17.00
平均	5.71	100.5	84.4	4.25
標準偏差	1.56	36.2	17.9	5.47
桜の開花日との相関係数	−0.789	0.103	−0.209	

〔1〕「桜の開花日」を縦軸とし,「平均気温」,「降水量の合計」,「日照時間の合計」を横軸として，それぞれ散布図を作成したところ，次の図Ⅰ～Ⅲを得た。図Ⅰ～Ⅲの横軸の変数の組合せとして，下の①～⑤のうちから最も適切なものを一つ選べ。 4

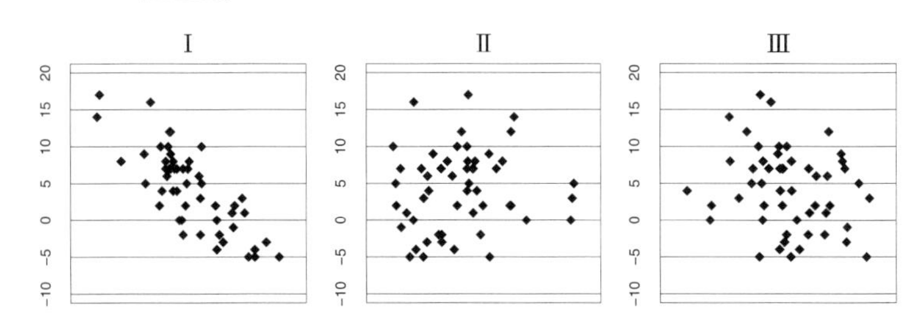

① 平均気温：Ⅰ,　降水量の合計：Ⅱ,　日照時間の合計：Ⅲ

② 平均気温：Ⅰ,　降水量の合計：Ⅲ,　日照時間の合計：Ⅱ

③ 平均気温：Ⅱ,　降水量の合計：Ⅰ,　日照時間の合計：Ⅲ

④ 平均気温：Ⅱ,　降水量の合計：Ⅲ,　日照時間の合計：Ⅰ

⑤ 平均気温：Ⅲ,　降水量の合計：Ⅱ,　日照時間の合計：Ⅰ

〔2〕「平均気温」を説明変数として単回帰分析を行ったところ，次の結果を得た。（ア）にあてはまる数値として，下の①～⑤のうちから最も適切なものを一つ選べ。 5

	係数	標準誤差	t-値
切片	20.0209	1.7968	11.1426
平均気温	−2.7608	（ア）	−9.0938

① −3.2939　② 3.2939　③ −0.3036　④ 0.3036　⑤ 7.2518

〔3〕〔2〕で作成した回帰式に2017年のデータを代入し，得られた値を四捨五入することで2017年の桜の開花日を予測すると何月何日になるか。次の①～⑤のうちから最も適切なものを一つ選べ。 6

① 3月28日　② 3月31日　③ 4月3日

④ 4月5日　⑤ 4月7日

問 3　A さんは，自分がよく購入する「キャベツ」と「ビール」について，価格の傾向を知りたいと思っている。

〔1〕次の表は，A さんが住んでいる都市の「キャベツ」と「ビール」の価格（円）について，最近 12ヶ月（2016 年 4 月～2017 年 3 月）分を調べた結果である。

キャベツ（1kg）	215	256	183	154	149	174
	230	356	218	242	213	180
ビール（350mL×6 缶）	1149	1149	1149	1149	1149	1149
	1149	1149	1149	1185	1185	1185

資料：総務省「小売物価統計調査」

この結果について統計量を計算したものが次の表である。（ア），（イ）にあてはまる数値として，下の ① ～ ⑤ のうちから最も適切なものを一つ選べ。 **7**

	平均	中央値	標準偏差	変動係数
キャベツ	214.2	（ア）	56.0	（イ）
ビール	1158.0	1149.0	16.3	0.014

① （ア）215.0　（イ）0.261
② （ア）215.0　（イ）0.048
③ （ア）233.0　（イ）0.261
④ （ア）214.0　（イ）0.261
⑤ （ア）214.0　（イ）0.048

〔2〕価格の傾向について更に調べるために，A さんは，2010 年 1 月～2017 年 3 月までの月ごとのデータを用いて，次の箱ひげ図を作成した。

なお，これらの箱ひげ図では，“「第 1 四分位数」－「四分位範囲」×1.5” 以上の値をとるデータの最小値，および “「第 3 四分位数」＋「四分位範囲」×1.5” 以下の値をとるデータの最大値までひげを引き，これらよりも遠い値を外れ値として○で示している。

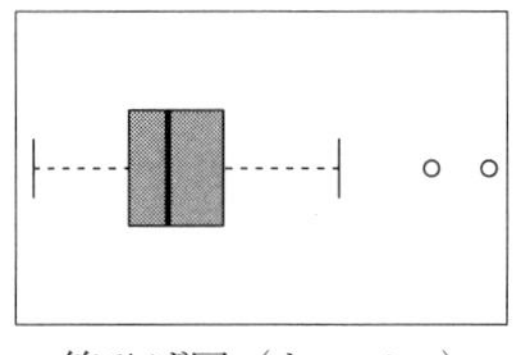
箱ひげ図（キャベツ）

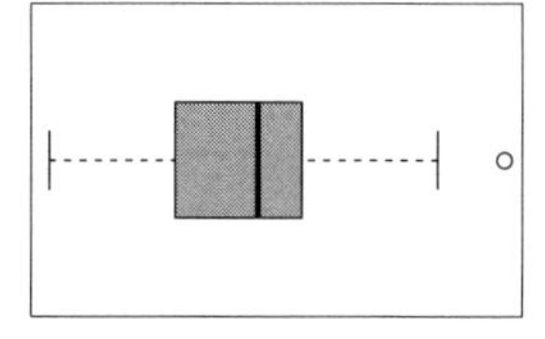
箱ひげ図（ビール）

また，A さんはヒストグラムも作成した。「キャベツ」と「ビール」の価格の分布を表すヒストグラムはそれぞれ，I ～ III のうちのどれか。下の ① ～ ⑤ のうちから最も適切なものを一つ選べ。 **8**

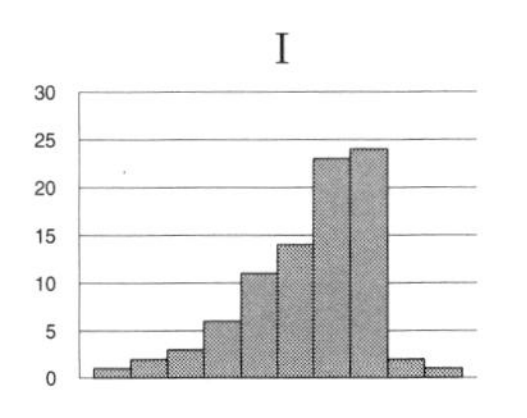

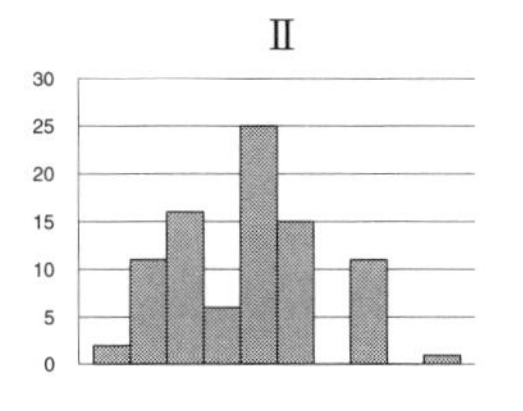

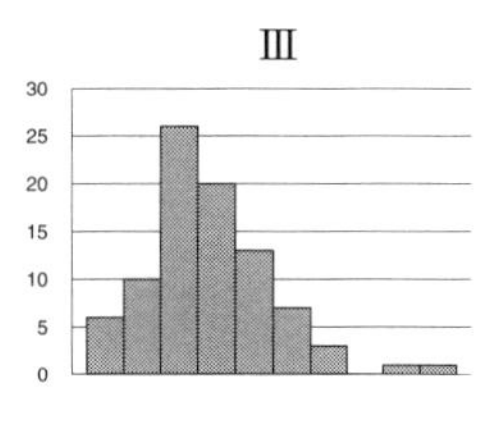

① キャベツ：II，　ビール：I
② キャベツ：I，　ビール：II
③ キャベツ：II，　ビール：III
④ キャベツ：III，　ビール：I
⑤ キャベツ：III，　ビール：II

〔3〕A さんは，〔2〕の時系列データを用いて，次のコレログラムを作成した。ただし，図中の点線は，時系列が無相関であるという帰無仮説のもとでの有意水準5%の棄却限界値を表す。

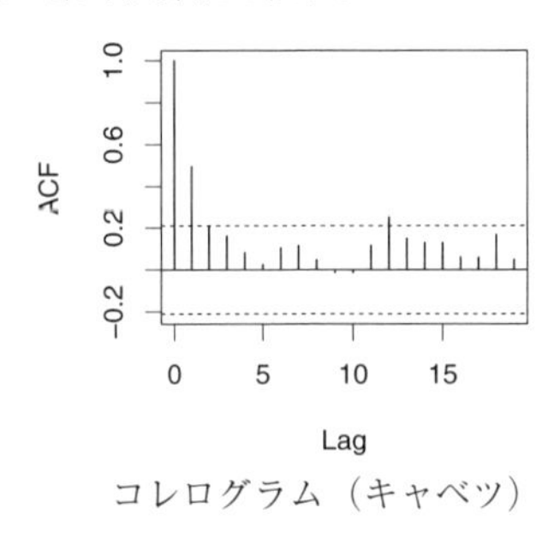

コレログラム（キャベツ）

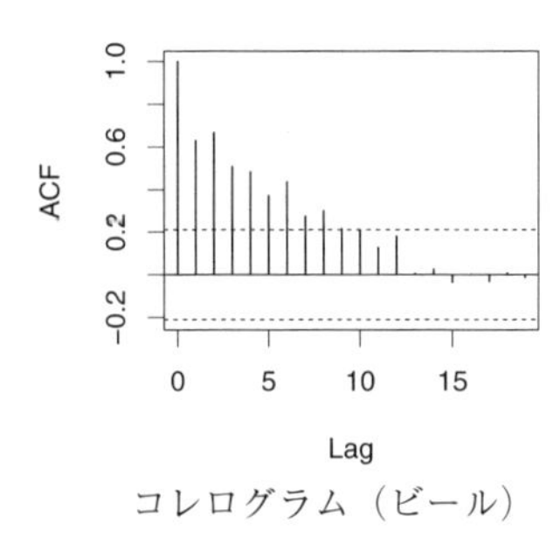

コレログラム（ビール）

次の記述 I ～ III は，これらのグラフの解釈に関するものである。

I. 「キャベツ」の価格における 1 年後との相関は,「ビール」の価格における 1 年後との相関よりも強い。

II. 「キャベツ」について，ある月の価格が平均より高ければ，その翌月の価格も平均より高い傾向がある。

III. 「キャベツ」の価格が上昇すると「ビール」の価格も上昇する傾向がある。

記述 I ～ III に関して，次の ① ～ ⑤ のうちから最も適切なものを一つ選べ。

9

① I のみ正しい。
② II のみ正しい。
③ I と II のみ正しい。
④ I と II と III はすべて正しい。
⑤ I と II と III はすべて誤りである。

問 4　価格指数とは，複数の財の価格を加重平均して指数化したもので，総合的な価格動向を把握するために利用されている。ラスパイレス価格指数は，個別価格指数を合成するときに，ウェイトとして基準時点の購入金額の割合を用いるものである。

〔1〕次の表は，2015 年および 2016 年における「牛肉」と「豚肉」の 1 世帯当たり（全国，二人以上の世帯）の年間の購入数量（g）及び平均価格（円/100g）である。

	2015 年		2016 年	
	購入数量	平均価格	購入数量	平均価格
牛肉	6200	340.73	6422	340.03
豚肉	19865	149.57	20418	144.30

資料：総務省「家計調査」

2015 年を基準年（指数を 100 とする）として,「牛肉」と「豚肉」の 2 種類の価格からラスパイレス価格指数を作成する場合，2016 年の指数はいくらか。次の ① ～ ⑤ のうちから適切なものを一つ選べ。 **10**

① $\dfrac{340.03 \times 6200 + 144.30 \times 19865}{340.73 \times 6200 + 149.57 \times 19865} \times 100$

② $\dfrac{340.03 \times 6422 + 144.30 \times 20418}{340.73 \times 6200 + 149.57 \times 19865} \times 100$

③ $\dfrac{340.03 \times 6422 + 144.30 \times 20418}{340.73 \times 6422 + 149.57 \times 20418} \times 100$

④ $\dfrac{340.03 \times 6422 + 144.30 \times 20418}{340.03 \times 6200 + 144.30 \times 19865} \times 100$

⑤ $\dfrac{340.73 \times 6422 + 149.57 \times 20418}{340.73 \times 6200 + 149.57 \times 19865} \times 100$

〔2〕ラスパイレス価格指数の代表的な例として，消費者物価指数がある。消費者物価指数は類・品目ごとにも作成されており，次の図は 1970 年から 2016 年までの魚介類の価格指数（2015 年を 100 とする）をプロットしたものである。

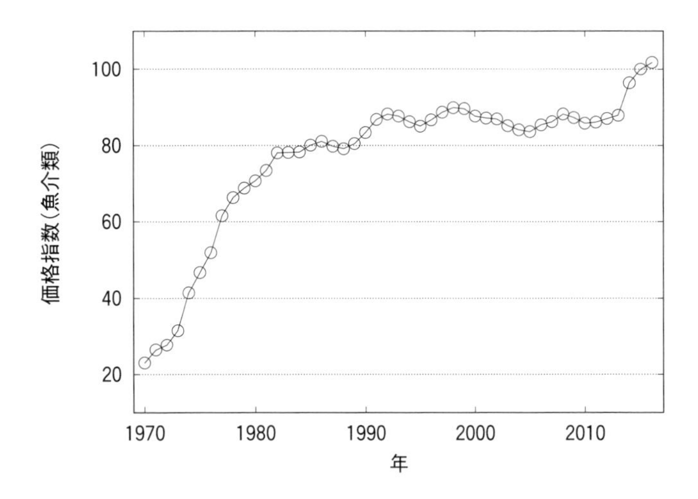

資料：総務省「消費者物価指数」

魚介類の価格指数の変化率の図として，次の ① ～ ④ のうちから最も適切なものを一つ選べ。 **11**

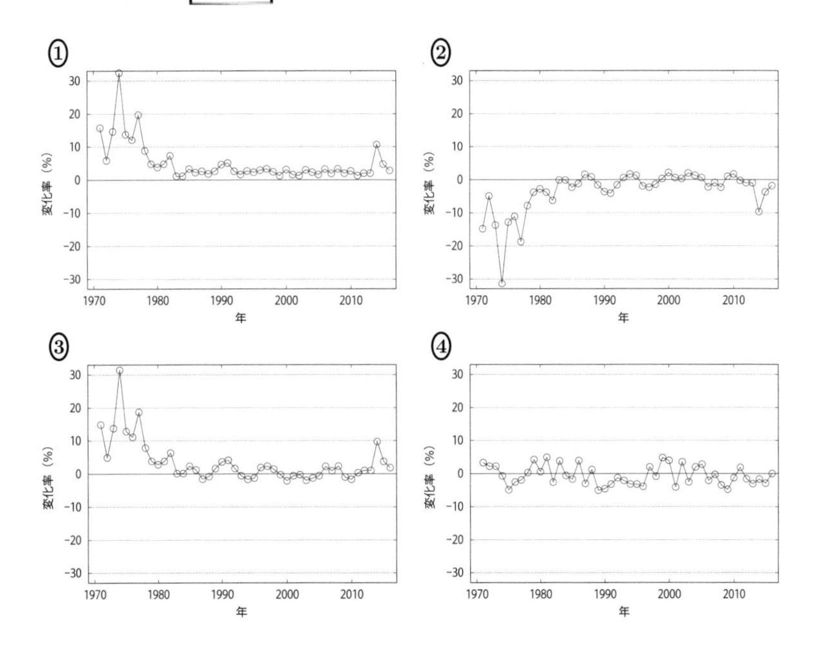

問 5　次の記述 I ～ III は，標本抽出法に関するものである。

> I. クラスター（集落）抽出法は，母集団を適当なグループに分け，その中から無作為抽出で選ばれたグループに含まれるすべての個体を抽出する方法である。
>
> II. 多段抽出法は，抽出のコストが高くなるという短所があるが，標本に偏りが生じにくい。
>
> III. 系統抽出法は，母集団の各個体に通し番号を付け，1 番目の個体番号を無作為に抽出した後，2 番目以降は番号を等間隔に選んでいく方法である。

記述 I ～ III に関して，次の ① ～ ⑤ のうちから最も適切なものを一つ選べ。

12

① I のみ正しい。
② I と II のみ正しい。
③ III のみ正しい。
④ I と III のみ正しい。
⑤ I と II と III はすべて正しい。

問 6　処理効果を立証するための研究の種類として，実験研究と観察研究がある。観察研究の例として，次の ① ～ ⑤ のうちから最も適切なものを一つ選べ。 **13**

① 新薬の効果を評価するために，患者をランダムに 2 つのグループに分けて，新薬を投与するグループと新薬でない対照薬を投与するグループで，効果の違いを観察する。

② アサガオの成長における土壌の影響を調べるために，土壌の異なる土地にそれ以外の条件をすべて共通にしてアサガオを植え，成長の違いを観察する。

③ ある健康食品が健康に与える影響を調べるために，その健康食品を普段から食べているグループと食べていないグループの健康状態を観察する。

④ 部屋の色が子どもの活動に与える影響を調べるために，ランダムに分けた子供たちのグループを，それぞれ部屋の色が異なりその他の条件が等しい部屋に分けて，子どもたちに気づかれないように様子を観察する。

⑤ 新しく開発した車のブレーキの性能を調べるために，タイヤと積載量を一定にし，さまざまな路面とスピードの条件のもとでブレーキをかけて，停止までの距離を観察する。

問 7　工場 A と工場 B は，ある同じおもちゃを生産している。おもちゃ全体の 60%は工場 A で，40%は工場 B で生産しているとする。工場 A で不良品のおもちゃを生産してしまう確率を 1%，工場 B で不良品のおもちゃを生産してしまう確率を 0.5%とする。販売したあるおもちゃが不良品だったと報告を受けたとき，そのおもちゃが工場 A で生産された確率はいくらか。次の ①～⑤ のうちから適切なものを一つ選べ。 **14**

① 60%　　② 65%　　③ 70%　　④ 75%　　⑤ 80%

問 8　確率変数 X の密度関数 $f(x)$ が次のように与えられているとする。

$$f(x) = \begin{cases} 0, & x < 0, \\ c\,x(2-x), & 0 \leq x < 2, \\ 0, & 2 \leq x. \end{cases}$$

ただし，c はある正の定数である。

〔1〕定数 c の値はいくらか。次の ①～⑤ のうちから適切なものを一つ選べ。
15

① $\frac{1}{2}$　　② $\frac{2}{3}$　　③ $\frac{3}{4}$　　④ 1　　⑤ 2

〔2〕確率変数 X の平均と分散の値の組合せとして，次の ①～⑤ のうちから適切なものを一つ選べ。 **16**

① $\frac{4}{3}$, $\frac{8}{5}$　　② $\frac{4}{3}$, $\frac{1}{8}$　　③ 1, $\frac{4}{5}$　　④ 1, $\frac{1}{5}$　　⑤ $\frac{3}{2}$, $\frac{1}{8}$

問 9　次の文章を読み，以下の問いに答えよ。

確率変数 $Z_1, Z_2, \ldots, Z_n$ が互いに独立に標準正規分布 $N(0,1)$ に従うとき

$$W = Z_1^2 + Z_2^2 + \cdots + Z_n^2$$

は自由度 n の（ア）分布に従う。また，標準正規分布 $N(0,1)$ に従う確率変数 Z が W と独立であれば

$$\frac{Z}{\sqrt{W/n}}$$

は自由度 n の（イ）分布に従う。さらに，確率変数 W_1, W_2 が互いに独立に自由度 m_1, m_2 の（ア）分布に従うとき

$$\frac{W_1/m_1}{W_2/m_2}$$

は自由度 (m_1, m_2) の（ウ）分布に従う。

〔1〕文中の（ア）～（ウ）にあてはまる用語の組合せとして，次の ① ～ ⑤ のうちから適切なものを一つ選べ。 **17**

① （ア）ポアソン　（イ）t　（ウ）指数

② （ア）カイ二乗　（イ）二項　（ウ）一様

③ （ア）指数　（イ）二項　（ウ）F

④ （ア）ポアソン　（イ）カイ二乗　（ウ）一様

⑤ （ア）カイ二乗　（イ）t　（ウ）F

〔2〕確率変数 $Z_1, Z_2, \ldots, Z_{30}$ が互いに独立に標準正規分布 $N(0,1)$ に従うとする。

$$Y = \frac{\sum_{i=1}^{20} Z_i^2/20}{\sum_{i=21}^{30} Z_i^2/10}$$

としたとき，$P(Y \leq a) = 0.05$ となる a はいくらか。次の ① ～ ⑤ のうちから最も適切なものを一つ選べ。 **18**

① $\frac{1}{2.774}$　② $\frac{1}{2.348}$　③ 2.165　④ 2.348　⑤ 2.774

問 10　あるクラスで 5 人の生徒が全国統一テストを受験した。それぞれの生徒の試験の点数 $X_1, \ldots, X_5$ は独立で，平均 50，標準偏差 10 の正規分布に従っていると仮定する。

〔1〕X_1 が 60 以上である確率はいくらか。次の ① ～ ⑤ のうちから最も適切なものを一つ選べ。 **19**

① 0.159　② 0.381　③ 0.500　④ 0.841　⑤ 0.977

〔2〕5 人中いずれか 1 人だけが 60 点以上を取り，残りの 4 人が 60 点未満となる確率はいくらか。次の ① ～ ⑤ のうちから最も適切なものを一つ選べ。 **20**

① 0.08　② 0.16　③ 0.30　④ 0.40　⑤ 0.80

〔3〕5 人の点数の標本平均 $(X_1 + \cdots + X_5)/5$ が 52 点以上である確率はいくらか。次の ① ～ ⑤ のうちから最も適切なものを一つ選べ。 **21**

① 0.16　② 0.33　③ 0.42　④ 0.58　⑤ 0.84

問 11　K 市における平成 26 年の交通事故発生件数は 518 件であった。K 市の 1 日の交通事故発生件数は独立に同一のパラメータ λ のポアソン分布に従うものとする。ただし，パラメータ λ のポアソン分布の確率関数は $f(x) = \lambda^x e^{-\lambda}/x!\ (x = 0, 1, 2, \ldots)$ で与えられる。また，K 市の 1 日当たりの事故発生件数の平均は $\hat{\lambda} = 518/365$ と推定される。

〔1〕K 市の 1 日当たりの事故発生件数の分散の推定値として，次の ① ～ ⑤ のうちから最も適切なものを一つ選べ。 **22**

① $\sqrt{\dfrac{518}{365}}$

② $\dfrac{518}{365}$

③ $\left(\dfrac{518}{365}\right)^2$

④ $\sqrt{\dfrac{518}{365} \times \dfrac{(518-365)}{365}}$

⑤ $\dfrac{518}{365} \times \dfrac{(518-365)}{365}$

〔2〕平均の推定値 $\hat{\lambda}$ を用いて，K 市において 1 日に事故が発生しない確率を求めるといくらか。次の ① ～ ⑤ のうちから最も適切なものを一つ選べ。なお，$e^{518/365} \fallingdotseq 4.13$，$e^{(518-365)/365} \fallingdotseq 1.52$ とする。 **23**

① 0.09　② 0.16　③ 0.24　④ 0.37　⑤ 0.66

問 12　次の図は，米国シカゴの大規模小売チェーン店でのツナ缶の販売価格と販売数量の散布図，ならびに販売価格と販売数量をそれぞれ対数変換したものの散布図である。ただし，データを加工している。

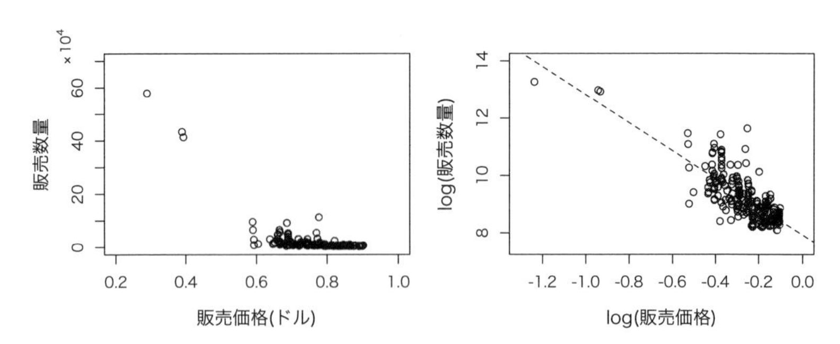

資料：James M. Kilts Center, University of Chicago Booth School of Business「Dominick's database」

右図中の破線は，目的変数を log(販売数量)，説明変数を log(販売価格) とした単回帰モデル

$$\log(\text{販売数量}) = \alpha + \beta \times \log(\text{販売価格}) + \text{誤差項}$$

を統計ソフトウェアによって推定し，得られた回帰直線である。また，次はその出力結果である。なお，出力結果の一部を削除している。

出力結果

```
                Estimate Std. Error t value Pr(>|t|)
(Intercept)      7.92546    0.08931   88.74   <2e-16
log(販売価格)    -4.89615    0.28922  -16.93   <2e-16
---
Residual standard error: 0.5757 on 199 degrees of freedom
Multiple R-squared:  0.5902,Adjusted R-squared:  0.5881
F-statistic: 286.6 on 1 and 199 DF,  p-value: < 2.2e-16
```

〔1〕出力結果から判断して，この単回帰モデルの推定に用いた標本のサイズはいくつか。次の ① ～ ⑤ のうちから適切なものを一つ選べ。 **24**

① 197　　② 198　　③ 199　　④ 200　　⑤ 201

〔2〕帰無仮説 $\beta = -1$，対立仮説 $\beta \neq -1$ に対する検定統計量の値として，次の ① ～ ⑤ のうちから最も適切なものを一つ選べ。 **25**

① $\dfrac{-4.89615 + 1}{0.28922}$　② $\dfrac{-4.89615 - 1}{0.28922}$　③ $\dfrac{-4.89615}{0.28922}$

④ -4.89615　⑤ $\dfrac{-4.89615}{7.92546}$

〔3〕次の記述 I ～ III は，出力結果の解釈に関するものである。

I. log(販売価格) が 1.0 大きくなると，log(販売数量) が約 4.9 減少する傾向がある。

II. 販売価格が大きくなると，販売数量が減少する傾向がある。

III. log(販売価格) が -0.3 のとき，log(販売数量) の予測値は約 1.5 である。

記述 I ～ III に関して，次の ① ～ ⑤ のうちから最も適切なものを一つ選べ。

26

① I のみ正しい。　② II のみ正しい。

③ I と II のみ正しい。　④ I と III のみ正しい。

⑤ I と II と III はすべて正しい。

問 13 次の表は，オリンピック・パラリンピック競技大会やサッカー，テニスなどのスポーツ国際大会での日本選手の活躍に，どのくらい関心を持っているか調査をした結果である（回答総数 1897 人）。なお，小数点以下 2 位を四捨五入しているため，合計は 100 とはならない。データは単純無作為抽出されたものとして，以下の問いに答えよ。

	非常に関心がある	やや関心がある	わからない	あまり関心がない	ほとんど（全く）関心がない
比率 (%)	48.3	40.5	0.1	8.2	2.8

資料：文部科学省「体力・スポーツに関する世論調査（平成 25 年 1 月調査）」

〔1〕「非常に関心がある」の母比率の 95%信頼区間として，次の ① ～ ⑤ のうちから最も適切なものを一つ選べ。 **27**

① [0.447, 0.519]　② [0.453, 0.513]　③ [0.461, 0.505]
④ [0.464, 0.502]　⑤ [0.482, 0.484]

〔2〕平成 21 年 9 月に行われた同名の調査において,「非常に関心がある」とする者の割合は 41.6%（回答総数 1925 人）であった。次の文章は，これらの結果から分かることについて述べたものである。

「平成 21 年 9 月と平成 25 年 1 月の「非常に関心がある」とする者の割合の差の 95%信頼区間は（ア）となるので,「非常に関心がある」とする者の割合が変化したと有意水準 5%で（イ）。」

（ア）,（イ）にあてはまるものの組合せとして，次の ① ～ ⑤ のうちから最も適切なものを一つ選べ。 **28**

① （ア）$0.067 \pm 1.96\sqrt{\dfrac{0.483 \times 0.517}{1897} + \dfrac{0.416 \times 0.584}{1925}}$ （イ）いえない

② （ア）$0.067 \pm 1.96\sqrt{\dfrac{0.483 \times 0.517}{1897} + \dfrac{0.416 \times 0.584}{1925}}$ （イ）いえる

③ （ア）$0.067 \pm 1.96\left(\dfrac{0.483 \times 0.517}{1897} + \dfrac{0.416 \times 0.584}{1925}\right)$ （イ）いえる

④ （ア）$0.067 \pm 1.96\sqrt{\dfrac{0.483 \times 0.517}{1897} \times \dfrac{0.416 \times 0.584}{1925}}$ （イ）いえない

⑤ （ア）$0.067 \pm 1.96\sqrt{\dfrac{0.483 \times 0.517}{1897} \times \dfrac{0.416 \times 0.584}{1925}}$ （イ）いえる

問 14　次の記述 I ～ III は，仮説検定に関するものである。

> I. 対立仮説が正しいとき，帰無仮説を棄却せず受容する確率を検出力という。
>
> II. P-値が有意水準より小さいとき，帰無仮説は棄却される。
>
> III. P-値が 1 を超えることはない。

記述 I ～ III に関して，次の ① ～ ⑤ のうちから最も適切なものを一つ選べ。

29

① I のみ正しい。
② II のみ正しい。
③ III のみ正しい。
④ I と II のみ正しい。
⑤ II と III のみ正しい。

問 15　「一等が出る確率 20%，二等が出る確率 30%」と言われているあるくじ引きを検証する。ただし，一等と二等以外はハズレである。このくじを引いた 50 人に確認したところ，一等が出た人数は 5 人，二等が出た人数は 12 人，ハズレが出た人数は 33 人であった。このくじ引きで言われている「一等が出る確率 20%，二等が出る確率 30%」を帰無仮説として，得られた 50 人のデータから有意水準 5%の適合度検定を行う。ただし，くじ引きのくじは大量に用意されていたものとする。次の文章はその検定について述べたものである。

「50 人のデータより，帰無仮説のもと漸近的に自由度 (ア) のカイ二乗分布に従う検定統計量の値が (イ) となる。ゆえに，有意水準 5%で帰無仮説を棄却 (ウ)。」

〔1〕文中の (ア) にあてはまる数字として，次の ① ～ ⑤ のうちから適切なものを一つ選べ。 **30**

① 1　② 2　③ 3　④ 49　⑤ 50

〔2〕文中の (イ)，(ウ) にあてはまるものの組合せとして，次の ① ～ ⑤ のうちから最も適切なものを一つ選べ。 **31**

① (イ) 7.76　(ウ) できる
② (イ) 6.76　(ウ) できる
③ (イ) 6.76　(ウ) できない
④ (イ) 5.66　(ウ) できる
⑤ (イ) 5.66　(ウ) できない

問 16　次の表は，83 カ国の 1000 人当たりの自動車保有台数を地域（アジア，アフリカ，オセアニア，ヨーロッパ，南アメリカ，北アメリカ）別にまとめた要約統計量である。ただし，統計ソフトウェアの仕様により，小数の丸め方が四捨五入とは異なる。

地域	アジア (A_1)	アフリカ (A_2)	オセアニア (A_3)	ヨーロッパ (A_4)	南アメリカ (A_5)	北アメリカ (A_6)
データの大きさ（国数）	27	13	2	31	7	3
最小値	4	3	711	186	74	285
第 1 四分位数	74	30	711	432	92	447
中央値	148	98	712	537	225	609
第 3 四分位数	347	137	713	594	279	696
最大値	594	201	714	761	303	783
平均	210	89	712	515	192	559
標準偏差	172	67	2	134	102	253

資料：総務省統計局「世界の統計 2017」

地域により自動車保有台数に差があるといえるかどうかを考察したい。正規性と等分散性を仮定し，統計ソフトウェアで一元配置分散分析を行ったところ，次の出力結果を得た。ただし，各国の属する地域を変数 region，各国の自動車保有台数を変数 car としている。

出力結果

```
Analysis of Variance Table

Response: car
          Df  Sum Sq Mean Sq F value    Pr(>F)
region     5 2785835  557167  27.568 6.898e-16
Residuals 77 1556194   20210
```

〔1〕全体の平均はいくらか。次の ①～⑤ のうちから最も適切なものを一つ選べ。 **32**

① 280　② 328　③ 380　④ 480　⑤ 528

〔2〕6 つの地域を表のように $A_1,\ldots,A_6$ とし，地域 A_j の観測数を n_j，地域 A_j の第 i 番目の観測値を y_{ji} $(j=1,\ldots,6,\ i=1,\ldots,n_j)$，地域ごとの平均を $\bar{y}_{j\cdot}$，全体の平均を $\bar{y}_{\cdot\cdot}$ とする。F-値の式として正しいものはどれか。次の ① ～ ⑤ のうちから適切なものを一つ選べ。 **33**

① $F=\dfrac{\sum_{j=1}^{6} n_j(\bar{y}_{j\cdot}-\bar{y}_{\cdot\cdot})^2}{\sum_{j=1}^{6}\sum_{i=1}^{n_j}(y_{ji}-\bar{y}_{j\cdot})^2}$

② $F=\dfrac{\sum_{j=1}^{6}(\bar{y}_{j\cdot}-\bar{y}_{\cdot\cdot})^2/5}{\sum_{j=1}^{6}\sum_{i=1}^{n_j}(y_{ji}-\bar{y}_{j\cdot})^2/77}$

③ $F=\dfrac{\sum_{j=1}^{6} n_j(\bar{y}_{j\cdot}-\bar{y}_{\cdot\cdot})^2/5}{\sum_{j=1}^{6}\sum_{i=1}^{n_j}(y_{ji}-\bar{y}_{\cdot\cdot})^2/77}$

④ $F=\dfrac{\sum_{j=1}^{6} n_j(\bar{y}_{j\cdot}-\bar{y}_{\cdot\cdot})^2/5}{\sum_{j=1}^{6}\sum_{i=1}^{n_j}(y_{ji}-\bar{y}_{j\cdot})^2/77}$

⑤ $F=\dfrac{\sum_{j=1}^{6}(\bar{y}_{j\cdot}-\bar{y}_{\cdot\cdot})^2/5}{\sum_{j=1}^{6}\sum_{i=1}^{n_j}(y_{ji}-\bar{y}_{\cdot\cdot})^2/77}$

〔3〕次の記述 I ～ III は，この一元配置分散分析の結果に関するものである。

I. F-値は自由度 $(5,77)$ の F 分布の上側 1%点よりも大きい。

II. 各地域ごとに自動車保有台数の平均の 99%信頼区間を求めると，すべての地域間で重なりがある。

III. P-値は 5%より大きい。

記述 I ～ III に関して，次の ① ～ ⑤ のうちから最も適切なものを一つ選べ。

34

① I のみ正しい。

② I と II のみ正しい。

③ I と III のみ正しい。

④ I と II と III はすべて正しい。

⑤ I と II と III はすべて誤りである。

統計検定２級　2017年11月　正解一覧

次ページ以降に解説を掲載しています。問題の趣旨やその考え方を理解するために活用してください。

問		解答番号	正解
問1	〔1〕	1	④
	〔2〕	2	⑤
	〔3〕	3	①
問2	〔1〕	4	①
	〔2〕	5	④
	〔3〕	6	③
問3	〔1〕	7	④
	〔2〕	8	⑤
	〔3〕	9	③
問4	〔1〕	10	①
	〔2〕	11	③
問5		12	④
問6		13	③
問7		14	④
問8	〔1〕	15	③
	〔2〕	16	④
問9	〔1〕	17	⑤
	〔2〕	18	②

問		解答番号	正解
問10	〔1〕	19	①
	〔2〕	20	④
	〔3〕	21	②
問11	〔1〕	22	②
	〔2〕	23	③
問12	〔1〕	24	⑤
	〔2〕	25	①
	〔3〕	26	③
問13	〔1〕	27	③
	〔2〕	28	②
問14		29	⑤
問15	〔1〕	30	②
	〔2〕	31	⑤
問16	〔1〕	32	②
	〔2〕	33	④
	〔3〕	34	①

問1

〔1〕 **1** …………………………………………… 正解 ④

フランスからの訪日観光客の滞在日数の相対度数の和は 100 %であるから，（ア）に入る数値は

$$
\begin{aligned}
&100 - (0.93 + 5.25 + 35.80 + 38.27 + 5.25 + 0.62) \\
&= 100 - 86.12 \\
&= 13.88
\end{aligned}
$$

となる。

よって，正解は ④ である。

〔2〕 **2** …………………………………………… 正解 ⑤

① ：適切でない。滞在日数が 1 週間未満である人の割合が最も高いのは韓国の 32.14% + 61.30% = 93.44% である。

② ：適切でない。米国からの来日観光客で最も割合が高い階級は (C) の 50.28%である。

③ ：適切でない。マレーシアからの訪日観光客で 1 週間以上滞在する人の割合は 56.51% + 4.93% + 0.53% + 0.35% + 0.00% = 62.32% である。

④ ：適切でない。韓国からの訪日観光客で滞在日数が 1 週間未満である人の割合は 32.14% + 61.30% = 93.44% である。

⑤ ：適切である。フランスからの訪日観光客において滞在日数の中央値は階級 (D) に含まれる。一方，他の国についてはいずれも階級 (B) または (C) に中央値が含まれる。

よって，正解は ⑤ である。

〔3〕 **3** …………………………………………… 正解 ①

米国からの訪日観光客の滞在日数について，例えば，階級 (A) と (B) の相対度数をみてみると，それぞれ 7.48%と 19.07%であり，これを満たすグラフは ① のみである。

よって，正解は ① である。

問2

〔1〕 **4** ……………………………………… 正解 ①

表で与えられている相関係数に注目する。「桜の開花日」と「平均気温」の相関係数は -0.789 であり，これを満たす図はⅠである。また「桜の開花日」と「降水量の合計」の相関係数は 0.103 であり，これを満たす図はⅡと読み取れる。「桜の開花日」と「日照時間の合計」の相関係数は -0.209 であり，これを満たす図はⅢと読み取れる。

図Ⅱと図Ⅲの違いは相関係数を判断するにはあまり明確ではないので，その点を補うため問題で与えられている元データの一部を参照する。2015 年の「桜の開花日」が 0 で，かつ「降水量の合計」が 190.5mm となっており，最大値 193.0mm に近い。図Ⅱには，「桜の開花日」が 0 で，かつ横軸の値がほぼ最大値を達成している点があるが，図Ⅲではそのような点はない。図Ⅱが「桜の開花日」と「降水量の合計」に対する散布図と判断できる。

よって，正解は **①** である。

〔2〕 **5** ……………………………………… 正解 ④

t 値は回帰係数を標準誤差で割った値である。したがって，標準誤差を s とおけば，

$$\frac{-2.7608}{s} = -9.0938$$

が成り立つ。これを解くと

$$s = \frac{-2.7608}{-9.0938} \fallingdotseq 0.3036$$

となる。

よって，正解は **④** である。

〔3〕 **6** ……………………………………… 正解 ③

〔2〕より得られる回帰式に 2017 年の平均気温 6.10(℃) を代入すると

$$20.0209 + (-2.7608) \times 6.10 \fallingdotseq 3.18$$

となる。これを四捨五入すると 3 となる。「桜の開花日」は 3 月 31 日を「0」と数値化しているので，予測値は 4 月 3 日となる。

よって，正解は **③** である。

問3

〔1〕 **7** ・・・・・・・・・・・・・・・・・・・・・・・・・・・・・・ 正解 ④

キャベツの価格を小さい順に並べ替えると

149, 154, 174, 180, 183, 213, 215, 218, 230, 242, 256, 356

となり，中央の 2 つの値 213 と 215 の平均 214 が中央値となる。

また，変動係数は標準偏差を平均で割った値であるから

$$\frac{56.0}{214.2} \fallingdotseq 0.261$$

となる。

よって，正解は ④ である。

〔2〕 **8** ・・・・・・・・・・・・・・・・・・・・・・・・・・・・・・ 正解 ⑤

箱ひげ図から，キャベツとビールの価格はいずれも，中央値が最大値と最小値の平均 (中点) より小さいことがわかる。図Ⅰは左に裾が長く，中央値は最大値と最小値の平均より大きくなるため，不適切である。

次に，箱ひげ図からキャベツの価格には外れ値が 2 つ，ビールの価格には 1 つあることが見て取れる。図Ⅱのヒストグラムには外れ値が 1 つしかなく，図Ⅲのヒストグラムには 2 つある。したがって図Ⅲがキャベツの価格，図Ⅱがビールの価格のヒストグラムであることがわかる。

よって，正解は ⑤ である。

〔3〕 **9** ・・・・・・・・・・・・・・・・・・・・・・・・・・・・・・ 正解 ③

Ⅰ：正しい。コレログラムから，キャベツの価格における 1 年後（12 か月後）との相関は 5%棄却限界値より大きく，ビールの価格における 1 年ごとの相関は 5%棄却限界値より小さい。

Ⅱ：正しい。コレログラムから，ラグ 1 の自己相関係数が約 0.5 あり，5%棄却限界値より大きい。ラグ 1 の自己相関係数は各月の価格とその翌月の価格の相関係数を表す。したがってある月の価格が平均より高ければ，その翌月の価格も平均より高い傾向があることがわかる。

Ⅲ：誤り。コレログラムは，1 つの時系列の時間的相関を表すグラフである。したがって，2 つの時系列間の時間的な相関をみることはできない。よって，キャベツとビールの価格の時間的相関関係を読み取ることはできない。

以上から，正しい記述はⅠとⅡのみなので，正解は ③ である。

問4

〔1〕 **10** ‥‥‥‥‥‥‥‥‥‥‥‥‥‥‥‥‥‥‥‥‥‥‥‥‥‥‥‥ 正解 ①

価格指数を n 個の財 $(i = 1, 2, \cdots n)$ から作成するとする。基準年の i 財の価格を p_{i0}，購入量を q_{i0} とする。同様に，比較年の価格を p_{it}，購入量を q_{it} とする。ラスパイレス価格指数（ラスパイレス型物価指数）は，$\dfrac{p_{it}}{p_{i0}}$ を加重平均して求められるが，i 財に対する加重は，基準年の購入金額の割合

$$\frac{p_{i0} \times q_{i0}}{\sum_{j=1}^{n} p_{j0} \times q_{j0}}$$

が用いられる。したがって，

$$\text{ラスパイレス価格指数} = \sum_{i=1}^{n} \left(\frac{p_{i0} \times q_{i0}}{\sum_{j=1}^{n} p_{j0} \times q_{j0}} \right) \times \frac{p_{it}}{p_{i0}} \times 100$$
$$= \frac{\sum_{i=1}^{n} p_{it} \times q_{i0}}{\sum_{j=1}^{n} p_{j0} \times q_{j0}} \times 100$$

となる。2 番目の式より，ラスパイレス価格指数は，基準年と同じ購入量を比較年にも購入した場合の購入金額と基準年の購入金額の比としても定義できる。

以上より，2015 年を基準年とした場合の 2016 年のラスパイレス各指数は，

$$\frac{340.03 \times 6200 + 144.30 \times 19865}{340.73 \times 6200 + 149.57 \times 19865} \times 100$$

となる。

よって，正解は ① である。

〔2〕 **11** ‥‥‥‥‥‥‥‥‥‥‥‥‥‥‥‥‥‥‥‥‥‥‥‥‥‥‥‥ 正解 ③

魚介類の価格指数の図より，1970 年代は 10%を超える変化率がある程度続くのに対して，1980 年代から 2000 年代では変化率は低く，マイナスの変化も見られる。2010 年代には再び，プラスの変化率が続いている。

①：適切でない。すべてプラスの変化率となっている。

②：適切でない。1970 年代および 2010 年代の変化率がすべてマイナスとなっている。

③：適切である。図は上述した特徴を表している。

④：適切でない。1970 年代の変化率で 10%を超える年がない。また，2010 年代の変化率がほとんどマイナスである。

よって，正解は ③ である。

問5

12 ……………………………………………… 正解 ④

Ⅰ：正しい。クラスター（集落）抽出法は，母集団をクラスター（集落）とよばれる部分母集団に分割して，クラスター（集落）を無作為に抽出して，抽出されたクラスター（集落）の要素についてはすべて調べる方法である。例えば，全国での世帯の調査の際に，全国から市区町村を無作為に抽出して，選ばれた市区町村内の世帯についてはすべて調べ上げる調査方法であり，Ⅰは正しい。

Ⅱ：誤り。多段抽出法は，例えば，全国での世帯の調査において，1段目として全国から市区町村を抽出し，2段目として世帯を抽出する方法が2段抽出法であり，1段目として全国から市区町村を抽出して，2段目として市区町村内に設定された世帯を抽出し，3段目として世帯を抽出する方法が3段抽出法である。多段抽出法は上記のような形で抽出のコストを減少させることを目的とした手法であるが，段数が増えるほど推定の精度が落ち，偏りが生じやすい。つまり，Ⅱは誤りである。

Ⅲ：正しい。系統抽出法は，等間隔抽出法ともよばれ，母集団の要素に通し番号を振り，初めの抽出単位を無作為に抽出したあとは，母集団の通し番号から等間隔に標本を抽出する方法であり，Ⅲは正しい。

以上から，正しい記述はⅠとⅢのみなので，正解は④である。

（コメント）クラスター抽出法や多段抽出法は，大規模調査における単純無作為抽出法のための母集団リスト作成コストや，地理的に調査対象が散らばった際の調査費用・労力・管理コストの削減が可能となる。しかし，クラスター間の類似性，1段目（および2段目）の抽出単位間の類似性が確保されていなければ母集団の姿を反映しているとはいえず，推定精度が落ちる。選ばれた市区町村部がたまたま郡部ばかりで都市部が選ばれていない状況などでは偏りが生じる。多段抽出法では，精度を落ちないようにするため，層別（層化）抽出法を組み合わせた層別（層化）多段抽出法があり，実際の統計調査などでも多く用いられている。

系統抽出法は，抽出が簡単で間違いが少ないこと，標本を母集団全体に散らばらせることができるというメリットがあり，統計調査でしばしば用いられるが，母集団の並び方に周期性があるときは精度が落ちる。

問6

13 …………………………………………… 正解 ③

観察研究と実験研究の違いは，実験研究では実験者によって，無作為に処理が割り当てられるのに対し，観察研究では被験者自らが処理を選択している点である。

①：実験研究である。患者をランダムに2つのグループに分けて薬を投与している。

②：実験研究である。土壌の異なる土地に対して実験者がアサガオを植えている。

③：**観察研究**である。被験者自らが健康食品を食するかどうかについて選択をしている。

④：実験研究である。子どもたちをランダムに色の異なる部屋に分けている。

⑤：実験研究である。すべての実験が実験者の計画のもと行われている。

よって，正解は ③ である。

問7

14 …………………………………………… 正解 ④

ベイズの定理より，求めたい確率は

$$\frac{0.60 \times 0.01}{0.60 \times 0.01 + 0.40 \times 0.005} = \frac{0.60}{0.60 + 0.20} = 0.75$$

となる。

よって，正解は ④ である。

問8

〔1〕 **15** ･････････････････････････････ 正解 ③

確率密度関数 $f(x)$ は

$$f(x) \geq 0 \text{ かつ } \int_{-\infty}^{\infty} f(x)dx = 1 \text{ を満足する関数である。}$$

よって，$\int_{-\infty}^{\infty} f(x)dx = 1$ を満足するように正の c を求めると，

$$\int_{-\infty}^{\infty} f(x)dx = \int_0^2 cx(2-x)dx = c\int_0^2 x(2-x)dx = c\left[x^2 - \frac{x^3}{3}\right]_0^2 = \frac{4}{3}c = 1$$

これより，$c = \dfrac{3}{4}$

よって，正解は ③ である。

〔2〕 **16** ･････････････････････････････ 正解 ④

平均は，

$$E(X) = \int_{-\infty}^{\infty} xf(x)dx = \int_0^2 x\frac{3}{4}x(2-x)dx = \frac{3}{4}\int_0^2 x^2(2-x)dx$$
$$= \frac{3}{4}\left[\frac{2}{3}x^3 - \frac{x^4}{4}\right]_0^2 = 1$$

と求めることができる。なお，X の確率密度関数 $f(x)$ が $x = 1$ について左右対称であることからも $E(X) = 1$ がわかる。分散は，$V(X) = E(X^2) - (E(X))^2$ を用いて求めることができる。

$$E(X^2) = \int_{-\infty}^{\infty} x^2 f(x)dx = \int_0^2 x^2\frac{3}{4}x(2-x)dx = \frac{3}{4}\int_0^2 x^3(2-x)dx$$
$$= \frac{3}{4}\left[\frac{2}{4}x^4 - \frac{x^5}{5}\right]_0^2 = \frac{6}{5}$$

であるので，分散 $V(X)$ の値は

$$V(X) = E(X^2) - (E(X))^2 = \frac{6}{5} - 1^2 = \frac{1}{5}$$

よって，正解は ④ である。

問9

〔1〕 **17** ………………………………………… 正解 ⑤

問題文の各式は，カイ二乗分布，t 分布，F 分布の定義式である。

よって，正解は **⑤** である。

〔2〕 **18** ………………………………………… 正解 ②

Y は自由度 $(20, 10)$ の F 分布に従う。F 分布表は上側パーセント点のみ書かれているので，計算を工夫する必要がある。$1/Y$ が自由度 $(10, 20)$ の F 分布に従うことを利用し，

$$P(Y \leq a) = P\left(\frac{1}{Y} \geq \frac{1}{a}\right) = 0.05$$

となる $1/a$ を求めればよい。F 分布表より $1/a = 2.348$ となるので，

$$a = \frac{1}{2.348}$$

である。

よって，正解は **②** である。

問10

〔1〕 **19** ………………………………………… 正解 ①

標準正規分布に従う確率変数を Z と表すとき，

$$P(X_1 \geq 60) = P\left(\frac{X_1 - 50}{10} \geq \frac{60 - 50}{10}\right) = P(Z \geq 1) = 0.1587$$

となる。

よって，正解は **①** である。

〔2〕 **20** ………………………………………… 正解 ④

5 人から 1 人を選ぶ組合せの数は 5 である。したがって〔1〕の結果と合わせると，5 人中いずれか 1 人だけが 60 点以上を取り，残り 4 人が 60 点未満となる確率は

$$5 \times (0.159) \times (1 - 0.159)^4 \fallingdotseq 0.398$$

となる。

よって，正解は **④** である。

〔3〕 **21** ······························ 正解 ②

5 人の点数の標本平均を $Y = (X_1 + \cdots + X_5)/5$ とおくと，Y は平均 50，標準偏差 $10/\sqrt{5}$ の正規分布に従う。したがって，標準正規分布に従う確率変数を Z と表すとき

$$P\,(Y \geq 52) = P\left(\frac{Y-50}{10/\sqrt{5}} \geq \frac{52-50}{10/\sqrt{5}}\right) \fallingdotseq P(Z \geq 0.45) = 0.33$$

となる。

よって，正解は ② である。

問 11

〔1〕 **22** ······························ 正解 ②

パラメータ λ のポアソン分布の平均は λ，分散は λ である。問題文より，K 市の 1 日当たりの事故発生件数の平均は $\hat{\lambda} = 518/365$ と推定されるので，分散の推定値も $\hat{\lambda} = 518/365$ となる。

よって，正解は ② である。

〔2〕 **23** ······························ 正解 ③

確率変数 X は K 市の 1 日の交通事故発生件数を表しているとする。平均の推定値 $\hat{\lambda} = 518/365$ を用いると，K 市において 1 日に事故が発生しない確率は，

$$\begin{aligned} P(X=0) &= \frac{\hat{\lambda}^0 e^{-\hat{\lambda}}}{0!} \\ &= e^{-\frac{518}{365}} \\ &\fallingdotseq \frac{1}{4.13} \\ &\fallingdotseq 0.24 \end{aligned}$$

となる。

よって，正解は ③ である。

2017年11月 解説

問12

〔1〕 **24** ・・・・・・・・・・・・・・・・・・・・・・・・・・・・・・・・・・・・・・・ 正解 ⑤

出力結果では，F 統計量の自由度が (1, 199) となっている。この 199 は，標本のサイズから，推定した回帰係数の個数を引いたものである。いま回帰係数は切片と log(販売価格) の係数の 2 つであるから，標本のサイズは 201 であることがわかる。なお，残差平方和（Residual sum of squares）の自由度 199 からもわかる。

よって，正解は ⑤ である。

〔2〕 **25** ・・・・・・・・・・・・・・・・・・・・・・・・・・・・・・・・・・・・・・・ 正解 ①

回帰係数に関する検定統計量としては t 検定統計量を用いるのが標準的である。傾きの推定値は $\hat{\beta} = -4.89615$，標準誤差は $se(\hat{\beta}) = 0.28922$ であるから，帰無仮説 $\beta = \beta_0 = -1$ に対する検定統計量は

$$t = \frac{\hat{\beta} - \beta_0}{se(\hat{\beta})} = \frac{-4.89615 - (-1)}{0.28922} = \frac{-4.89615 + 1}{0.28922}$$

となる。

よって，正解は ① である。

〔3〕 **26** ・・・・・・・・・・・・・・・・・・・・・・・・・・・・・・・・・・・・・・・ 正解 ③

出力結果から，予測式として

$$\log(\text{販売数量}) = 7.92546 - 4.89615 \times \log(\text{販売価格})$$

が得られる。

Ⅰ：正しい。予測式より，log(販売価格) が 1.0 大きくなれば，log(販売数量) が約 4.9 減少する傾向があることがわかる。

Ⅱ：正しい。予測式より，log(販売価格) が大きくなると log(販売数量) が減少する傾向がある。対数関数 log は増加関数であるから，販売価格が大きくなると，販売数量が減少する傾向がある。

Ⅲ：誤り。予測式より，log(販売価格) が -0.3 のとき，log(販売数量) の予測値は

$$7.92546 - 4.89615 \times (-0.3) \fallingdotseq 9.39$$

となる。

以上から，正しい記述はⅠとⅡのみなので，正解は ③ である。

問 13

〔1〕 **27** ……………………………………………… 正解 ③

「非常に関心がある」と答えた人数は二項分布に従うと考えられるので，その母比率の 95%信頼区間は正規近似により，

$$\left[0.483 - 1.96\sqrt{\frac{0.483 \times (1-0.483)}{1897}},\ 0.483 + 1.96\sqrt{\frac{0.483 \times (1-0.483)}{1897}}\right]$$
$$\fallingdotseq [0.461,\ 0.505]$$

となる。

よって，正解は ③ である。

〔2〕 **28** ……………………………………………… 正解 ②

2 回の調査が独立であるとき，「非常に関心がある」という回答の母比率の差の 95%信頼区間は正規近似により，

$$(0.483 - 0.416) \pm 1.96\sqrt{\frac{0.483 \times (1-0.483)}{1897} + \frac{0.416 \times (1-0.416)}{1925}}$$
$$= 0.067 \pm 1.96\sqrt{\frac{0.483 \times 0.517}{1897} + \frac{0.416 \times 0.584}{1925}}$$

となる。この信頼区間は [0.036, 0.098] となって 0 を含まないので，有意水準 5%で母比率の差は 0 でないといえる。すなわち，「非常に関心がある」とする者の割合は変化したといえる。

よって，正解は ② である。

問 14

29 ……………………………………………… 正解 ⑤

統計的仮説検定では，帰無仮説のもと，棄却のための有意水準と棄却域を設定する。片側検定（$H_1 : \theta > \theta_0$ または $\theta < \theta_0$）の場合，P-値は帰無仮説のもとで検定統計量 Z が実現値 Z_0 と同じかそれを超える値を取る確率 $P(Z \geq Z_0)$ または $P(Z \leq Z_0)$ である。両側検定（$H_1 : \theta \neq \theta_0$）は $P(|Z| \geq Z_0)$ とすることが多いが，非対称の分布の場合はいくつかの方法がある。実現値が棄却域に含まれるということは有意水準より P-値が小さいことになる。

Ⅰ： 誤り。対立仮説が正しいとき，帰無仮説を棄却する確率を検出力という。

Ⅱ： 正しい。先に述べたように，P-値が有意水準より小さいということは，検定統計量が棄却域に入っていることと同値である。

Ⅲ： 正しい。P-値は確率であるから，0 から 1 までの値しか取らない。

以上から，正しい記述はⅡとⅢのみなので，正解は ⑤ である。

問 15

〔1〕 **30** ……………………………………………… 正解 ②

1 回のくじ引きにつき，一等が出る，二等が出る，ハズレが出る確率をそれぞれ $p_1,\ p_2,\ p_3 > 0$ とおく。ただし $p_1 + p_2 + p_3 = 1$ を満たすものとする。このとき適合度検定で仮定される統計モデルは母数 $(p_1,\ p_2,\ p_3)$ の 3 項分布である。また問題文から帰無仮説は単純帰無仮説 $(p_1,\ p_2,\ p_3) = (0.2,\ 0.3,\ 0.5)$ となる。したがって自由度は $3 - 1 = 2$ となる。

よって，正解は ② である。

〔2〕 **31** ……………………………………………… 正解 ⑤

適合度検定統計量の値は

$$\chi^2 = \frac{(5-10)^2}{10} + \frac{(12-15)^2}{15} + \frac{(33-25)^2}{25}$$
$$= 2.5 + 0.6 + 2.56 = 5.66$$

となる。また，自由度 2 のカイ二乗分布の上側 5%点は付表から約 5.99 である。したがって有意水準 5%で帰無仮説を棄却することはできない。

よって，正解は ⑤ である。

問 16

〔1〕 **32** ……………………………………………… 正解 ②

表から，全体の平均は

$$\frac{1}{83}(210 \times 27 + 89 \times 13 + 712 \times 2 + 515 \times 31 + 192 \times 7 + 559 \times 3)$$
$$= \frac{27237}{83} = 328.1566 \fallingdotseq 328$$

と計算できる。

よって，正解は ② である。

〔2〕 **33** ………………………………………… 正解 ④

一元配置分散分析における F-値は，水準間平方和と残差平方和，およびそれらの自由度を用いて次のように計算される：

$$F = \frac{(\text{水準間平方和})/(\text{水準間自由度})}{(\text{残差平方和})/(\text{残差自由度})}$$

問題では地域は 6 つであるから水準間の自由度は 5，また残差の自由度は $83-6=77$ である。ゆえに

$$F = \frac{\sum_{j=1}^{6}\sum_{i=1}^{n_j} \frac{(\bar{y}_{j\cdot}-\bar{y}_{\cdot\cdot})^2}{5}}{\sum_{j=1}^{6}\sum_{i=1}^{n_j} \frac{(y_{ji}-\bar{y}_{j\cdot})^2}{77}} = \frac{\sum_{j=1}^{6} \frac{n_j(\bar{y}_{j\cdot}-\bar{y}_{\cdot\cdot})^2}{5}}{\sum_{j=1}^{6}\sum_{i=1}^{n_j} \frac{(y_{ji}-\bar{y}_{j\cdot})^2}{77}}$$

となる。

よって，正解は ④ である。

〔3〕 **34** ………………………………………… 正解 ①

Ⅰ：正しい。F-検定の自由度は $(5, 77)$ であり，統計ソフトウェアの出力結果からその P-値は 6.898×10^{-16} となっており，1%より小さい。よって，F-値は F 分布の上側 1%点よりも大きい。

Ⅱ：誤り。この一元配置分散分析の F 検定の帰無仮説は「各地域の自動車保有台数の平均は同じである」，対立仮説は「そうではない」である。P-値の値が 1%より小さいことより，帰無仮説は棄却され，少なくとも 1 地域の自動車保有台数の平均の 99%信頼区間は他地域との重なりがないことがわかる。

実際，各地域における自動車保有台数の平均の 99%信頼区間を求めると，アジア，アフリカ，オセアニア，ヨーロッパ，南アメリカ，北アメリカの順に

$$210 \pm \frac{172 \times t_{0.005}(26)}{\sqrt{27}} = 210 \pm \frac{172 \times 2.78}{5.20} = 210 \pm 92,$$

$$89 \pm \frac{67 \times t_{0.005}(12)}{\sqrt{13}} = 89 \pm \frac{67 \times 3.06}{3.61} = 89 \pm 57,$$

$$712 \pm \frac{2 \times t_{0.005}(1)}{\sqrt{2}} = 712 \pm \frac{2 \times 63.7}{1.41} = 712 \pm 90,$$

$$515 \pm \frac{134 \times t_{0.005}(30)}{\sqrt{31}} = 515 \pm \frac{134 \times 2.75}{5.57} = 515 \pm 66,$$

$$192 \pm \frac{102 \times t_{0.005}(6)}{\sqrt{7}} = 192 \pm \frac{102 \times 3.71}{2.65} = 192 \pm 143,$$

$$559 \pm \frac{253 \times t_{0.005}(2)}{\sqrt{3}} = 559 \pm \frac{253 \times 9.93}{1.73} = 559 \pm 1452$$

となる。例えばアジアにおける信頼区間は $[118, 302]$，ヨーロッパにおける信頼区間は $[449, 581]$ であり，これらの間には重なりがない。

Ⅲ： 誤り。この一元配置分散分析における P-値は 6.898×10^{-16} であるから 5%より小さい。

以上から，正しい記述はⅠのみなので，正解は ① である。

（コメント）F-値の求め方と F-値の数表の扱いについて参考として示す。まず，水準間の平方和は，

$$\begin{aligned}&27 \times (210-328)^2 + 13 \times (89-328)^2 + 2 \times (712-328)^2 \\ &+ 31 \times (515-328)^2 + 7 \times (192-328)^2 + 3 \times (559-328)^2 \\ &= 2787027\end{aligned}$$

となり，残差平方和は，

$$\begin{aligned}&26 \times 172^2 + 12 \times 67^2 + 1 \times 2^2 + 30 \times 134^2 + 6 \times 102^2 + 2 \times 253^2 \\ &= 1552178\end{aligned}$$

となる。よって，F-値は

$$F = \frac{2787027/5}{1552178/77} \fallingdotseq 27.65$$

となる。

自由度 $(5, 77)$ の F 分布の上側 1%点は付表には与えられていないため，近似的に考える。すなわち，残差の自由度 77 が十分大きいので，F 統計量に 5 を掛けた統計量の分布が自由度 5 のカイ二乗分布で近似できると考えてよい。その上側 1%点は付表より 15.09 となる。よって，F 分布の上側 1%点はおよそ $15.09/5 \fallingdotseq 3.02$ と近似できる。したがって，F-値が上側 1%点より大きいことが確かめられる。実際の自由度 $(5, 77)$ の F 分布の上側 1%点はおよそ 3.26 である。

PART 7

2級
2017年6月
問題／解説

2017年6月に実施された
統計検定2級で実際に出題された問題文を掲載します。
問題の趣旨やその考え方を理解できるように、
正解番号だけでなく解説を加えました。

※実際の試験では統計数値表が問題文の末尾にあります。本書では巻末に「付表」として掲載しています。

問1　次の箱ひげ図は，47都道府県別の「パソコン」（以下，PC），「携帯電話（PHSを含む）」（以下，MP），「スマートフォン」（以下，SP），「テレビ（デジタル放送対応）」（以下，TV）および「DVD・ブルーレイディスクレコーダー（デジタル放送対応）」（以下，DVD/BD）の保有率（保有している世帯の割合）を示したものである。

なお，これらの箱ひげ図では，"「第1四分位数」－「四分位範囲」×1.5" 以上の値をとるデータの最小値，および "「第3四分位数」＋「四分位範囲」×1.5 "以下の値をとるデータの最大値までひげを引き，これらよりも遠い値を外れ値として○で示している。

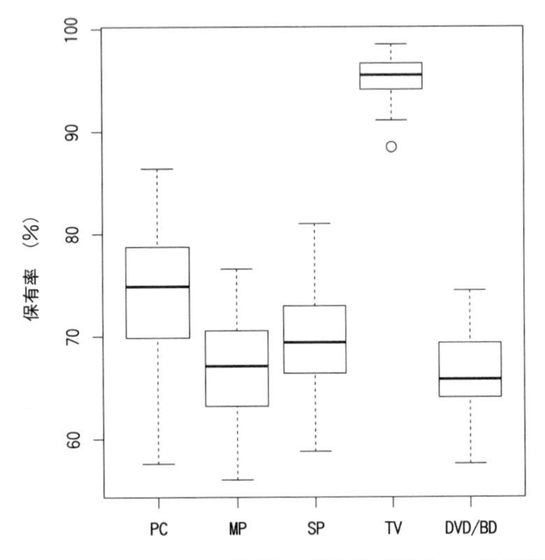

資料：総務省「平成27年通信利用動向調査」

〔1〕次の記述Ⅰ～Ⅲはこれらの箱ひげ図に関するものである。

> Ⅰ. すべての都道府県において，TV保有率はPC保有率よりも高い。
>
> Ⅱ. PC保有率の上位10都道府県では，PC保有率がDVD/BD保有率よりも高い。
>
> Ⅲ. すべての都道府県のSP保有率は，どの都道府県のMP保有率よりも高い。

記述Ⅰ～Ⅲに関して，次の①～⑤のうちから最も適切なものを一つ選べ。

1

①Ⅰのみ正しい。　②Ⅱのみ正しい。　③Ⅲのみ正しい。
④ⅠとⅡのみ正しい。　⑤ⅠとⅢのみ正しい。

〔2〕次のグラフは，PC，MP，SP，TV および DVD/BD の都道府県別保有率のヒストグラムである。MP と SP はそれぞれどのヒストグラムにあたるか。下の ① ～ ⑤ のうちから最も適切なものを一つ選べ。 **2**

a

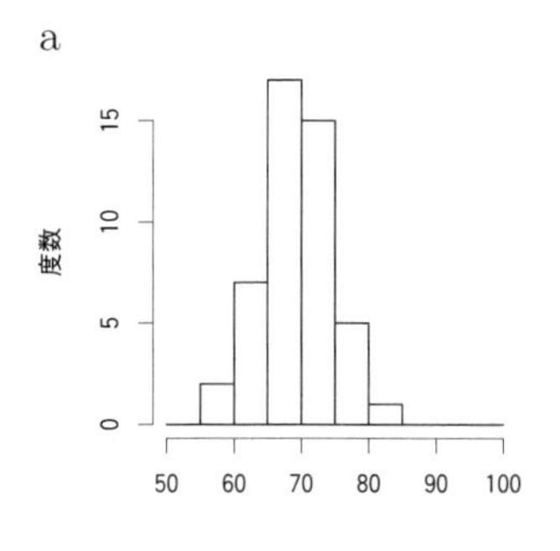

b

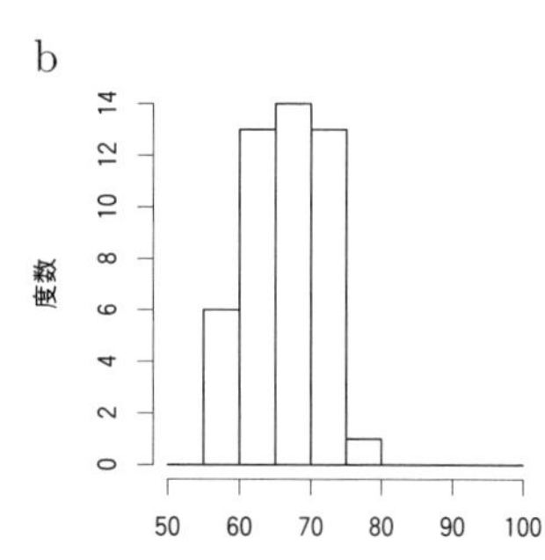

c

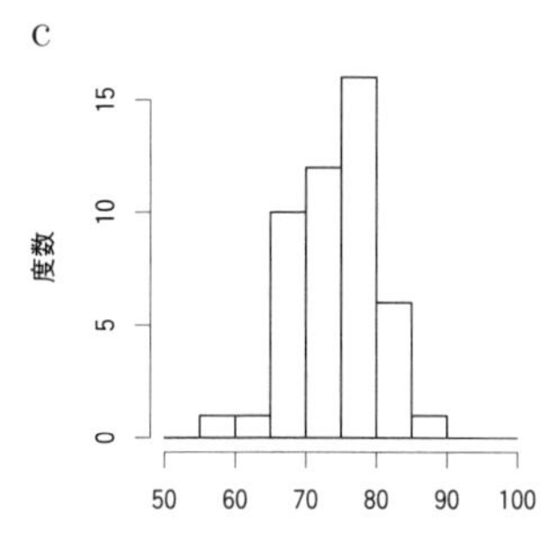

d

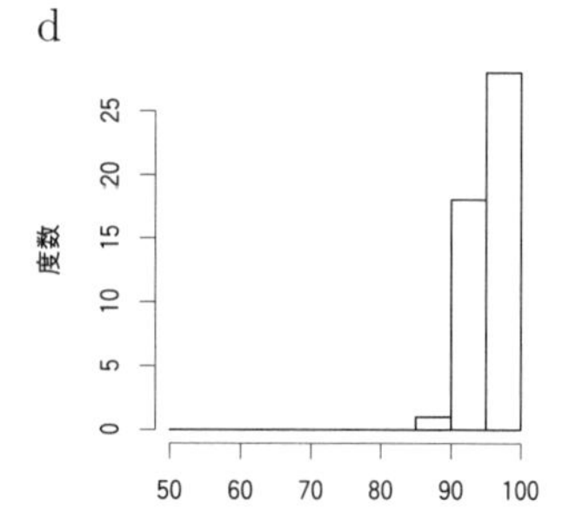

e

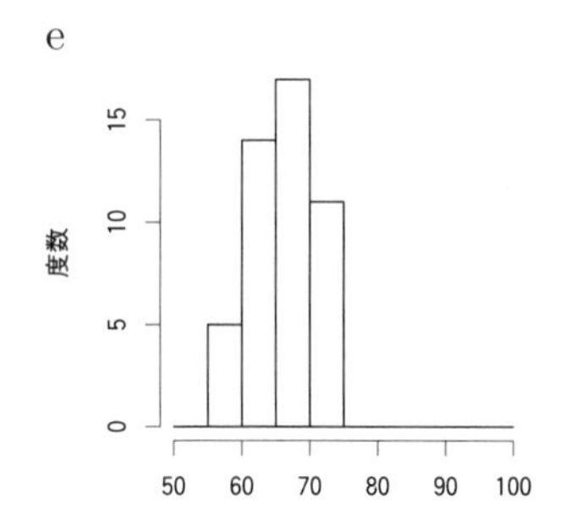

① MP：a，SP：b　　② MP：a，SP：e　　③ MP：b，SP：a
④ MP：b，SP：e　　⑤ MP：e，SP：a

問 2　次の表は，4 道県（北海道，秋田県，茨城県，長野県）における農業経営体（経営耕地を持たないものを除く）の数を経営耕地面積の階級ごとに集計した度数分布表である。

	経営耕地面積の階級	北海道	秋田県	茨城県	長野県
(A)	面積 < 0.3	342	251	371	1851
(B)	0.3 ≤ 面積 < 0.5	986	3219	8375	14058
(C)	0.5 ≤ 面積 < 1.0	1482	7661	17131	20396
(D)	1.0 ≤ 面積 < 1.5	1111	6307	10644	7717
(E)	1.5 ≤ 面積 < 2.0	826	4813	6719	3333
(F)	2.0 ≤ 面積 < 3.0	1571	6039	6625	2624
(G)	3.0 ≤ 面積 < 5.0	2783	4853	4195	1716
(H)	5.0 ≤ 面積 < 10.0	5234	3245	2316	898
(I)	10.0 ≤ 面積 < 20.0	7963	1412	836	379
(J)	20.0 ≤ 面積 < 30.0	5442	398	223	116
(K)	30.0 ≤ 面積 < 50.0	6128	230	159	76
(L)	50.0 ≤ 面積 < 100.0	4584	94	70	40
(M)	100.0 ≤ 面積	1168	17	17	20
合計		39620	38539	57681	53224

（注）面積の単位はヘクタール

資料: 農林水産省「2015 年農林業センサス」

〔1〕茨城県の農業経営体における経営耕地面積の中央値を含む階級はどれか。次の ① ～ ⑤ のうちから適切なものを一つ選べ。 **3**

① (B)　② (C)　③ (D)　④ (E)　⑤ (F)

〔2〕長野県の農業経営体における経営耕地面積の第 1 四分位数と第 3 四分位数を含む階級の組合せとして，次の ① ～ ⑤ のうちから適切なものを一つ選べ。 **4**

① 第 1 四分位数 (B)，第 3 四分位数 (C)

② 第 1 四分位数 (B)，第 3 四分位数 (D)

③ 第 1 四分位数 (B)，第 3 四分位数 (E)

④ 第 1 四分位数 (A)，第 3 四分位数 (D)

⑤ 第 1 四分位数 (A)，第 3 四分位数 (E)

〔3〕下の図は，この度数分布表から相対度数を求めて帯グラフにしたものである。ただし，階級 (A) ～ (B)，(C) ～ (D)，(E) ～ (F)，(G) ～ (I)，(J) ～ (M) の 5 階級にまとめてから表示している。北海道と秋田県のグラフの組合せとして，次の ① ～ ⑤ のうちから適切なものを一つ選べ。 **5**

① 北海道 (ウ)，秋田県 (ア)　　② 北海道 (ウ)，秋田県 (イ)
③ 北海道 (エ)，秋田県 (ア)　　④ 北海道 (エ)，秋田県 (イ)
⑤ 北海道 (エ)，秋田県 (ウ)

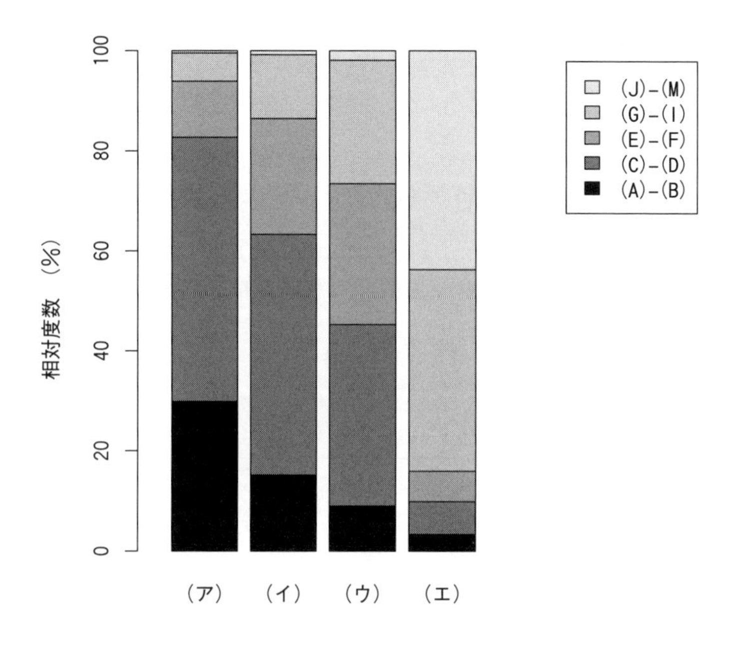

問 3　次の図は，各月におけるアジアおよび北アメリカからの訪日外客数（左図，千人）および訪日外客数の前年同月比伸び率（右図，%）を 2013 年 1 月から 2015 年 12 月までプロットしたものである。ただし伸び率は，増減がないときに 0 %となるように定義する。

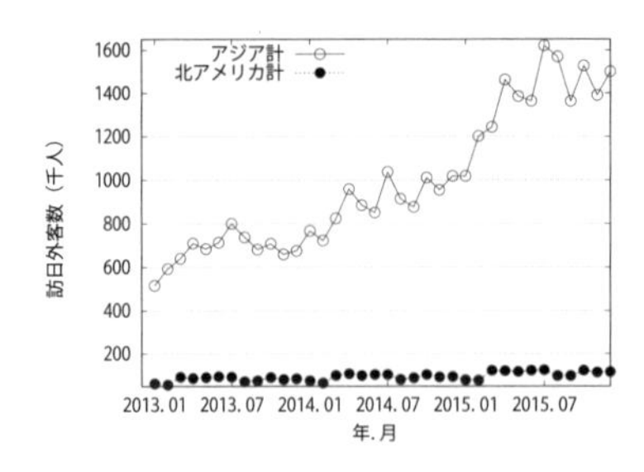

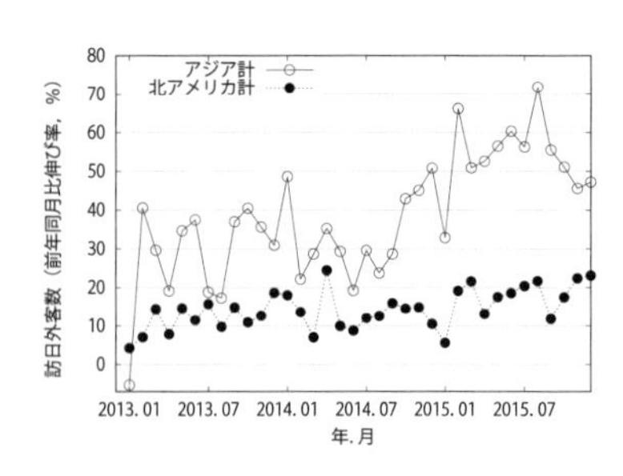

資料：日本政府観光局（JNTO）

〔1〕2014 年 8 月と 2015 年 8 月の訪日外客数（アジアおよび北アメリカの合計）はそれぞれ 995（千人）および 1668（千人）であった。2015 年 8 月の訪日外客数（アジアおよび北アメリカの合計）の前年同月比伸び率（%）はいくらか。次の ① ～ ⑤ のうちから最も適切なものを一つ選べ。 **6**

① 40　　② 47　　③ 68　　④ 72　　⑤ 74

〔2〕次の記述 I ～ III はこれらの図に関するものである。

I. 訪日外客数（アジア計）には季節性があるので，全体的な傾向（トレンド）を把握するためには，前年同月比伸び率よりも前期比伸び率をプロットした図を調べるのが適切である。

II. 訪日外客数（アジア計）と訪日外客数（北アメリカ計）の差は，拡大する傾向にある。

III. 訪日外客数（北アメリカ計）の前年同月比伸び率が訪日外客数（アジア計）の前年同月比伸び率より低いのは，訪日外客数（北アメリカ計）が訪日外客数（アジア計）よりも 400（千人）以上少ないことが理由である。

記述 I ～ III に関して，次の ① ～ ⑤ のうちから最も適切なものを一つ選べ。

7

① I のみ正しい。
② II のみ正しい。
③ III のみ正しい。
④ II と III のみ正しい。
⑤ I と II と III はすべて正しい。

〔3〕訪日外客数（アジア計）のコレログラムとして，次の ①～④ のうちから最も適切なものを一つ選べ。 **8**

①

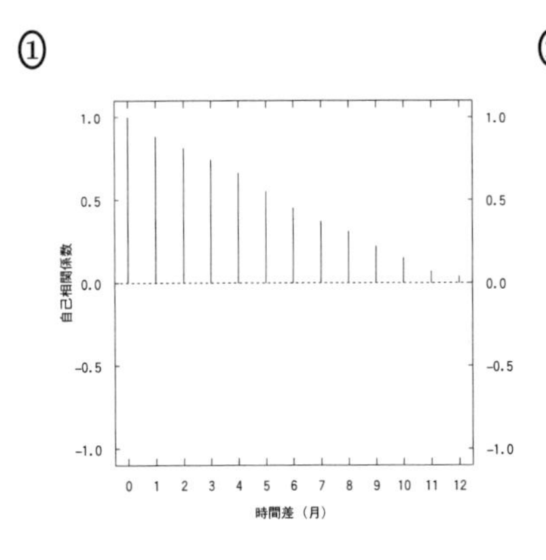

②

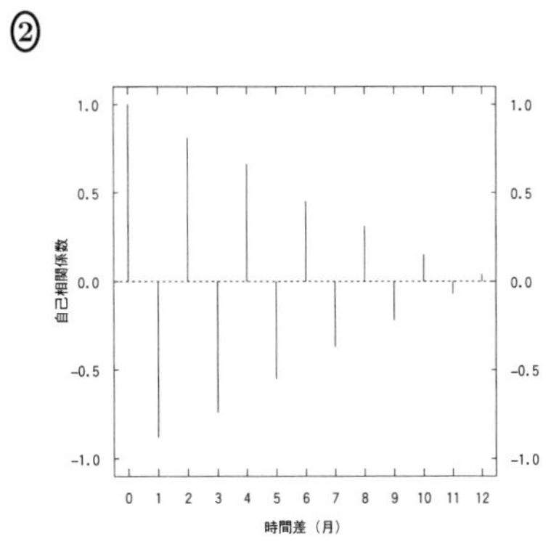

③

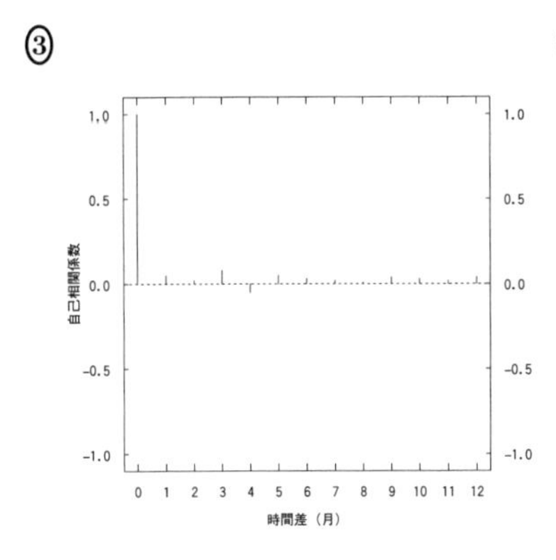

④

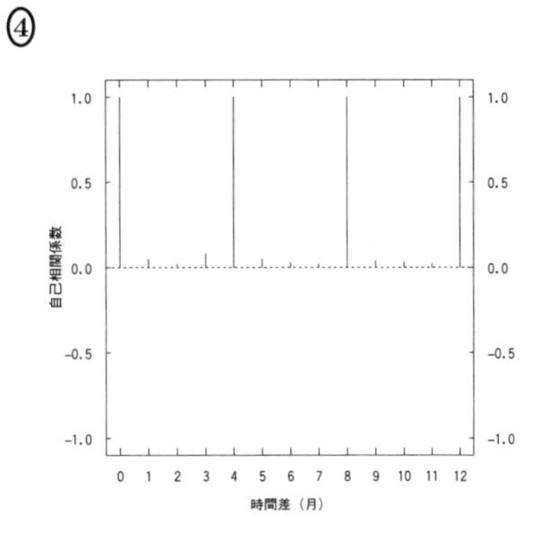

問 4　次の図は，1991 年から 2015 年までの各年における日本のコーヒー小売価格（米ドルに換算した 1 ポンド当たりの価格，1 ポンドは約 454g，以下「価格」）を縦軸に，前年の世界のコーヒー総生産量（単位は 100 万袋，1 袋は 60kg，以下「生産量」）を横軸にとって作成した散布図である。

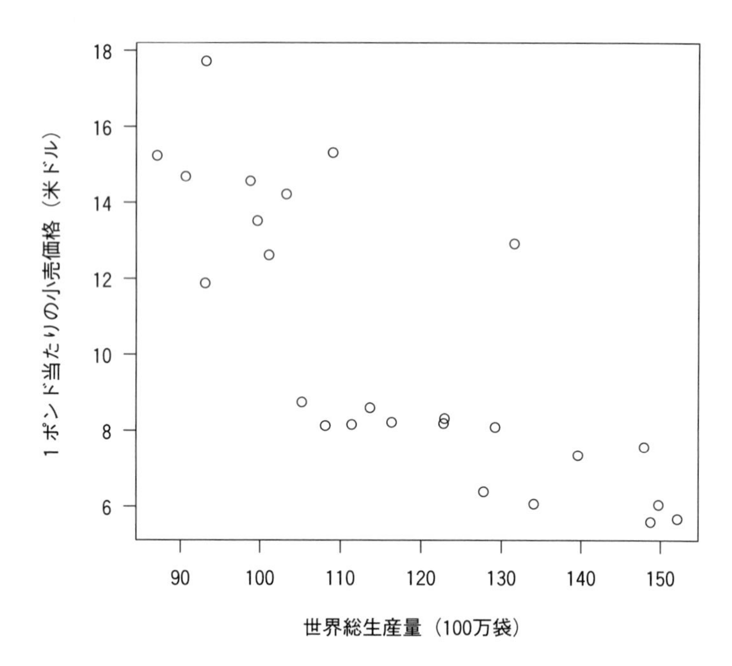

資料: 国際コーヒー機関 (ICO)

〔1〕価格と生産量の間の相関係数の値として，次の ① 〜 ⑤ のうちから最も適切なものを一つ選べ。 **9**

① 0.994　　② 0.794　　③ 0.094　　④ −0.794　　⑤ −0.994

〔2〕この散布図を描いたときと同じデータを用いて単回帰モデル

$$価格 = 切片 + 傾き \times 生産量 + 誤差項 \qquad \text{(A)}$$

を最小二乗法で推定し，上記の散布図に回帰直線を実線として書き加えた。このときのグラフとして，次の ① ～ ⑤ のうちから最も適切なものを一つ選べ。 **10**

①
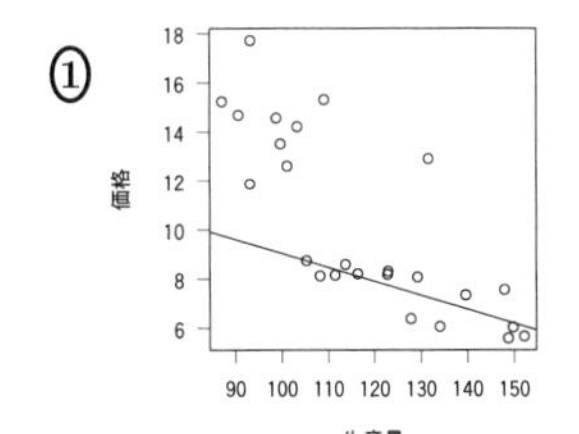

②
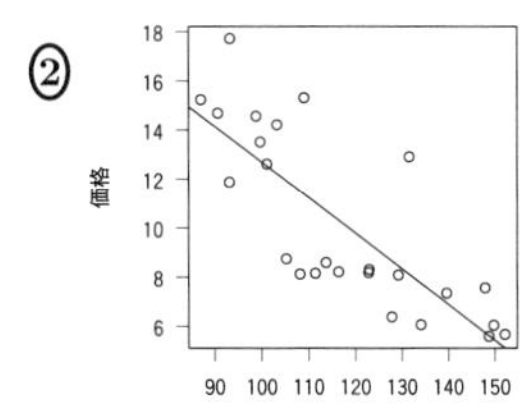

③
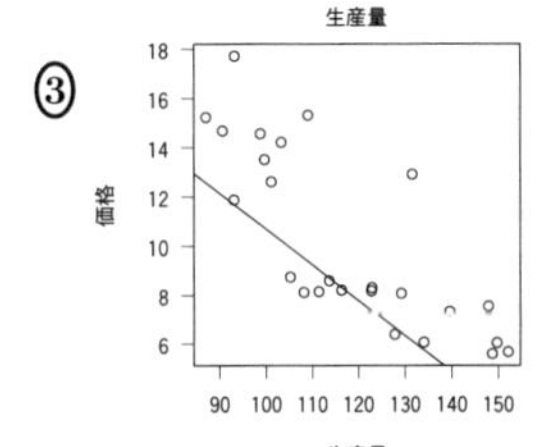

④
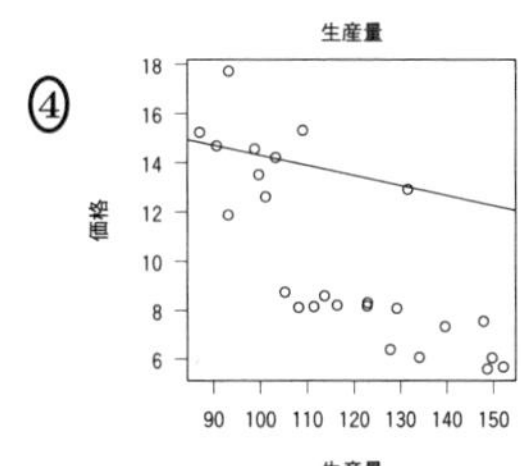

⑤
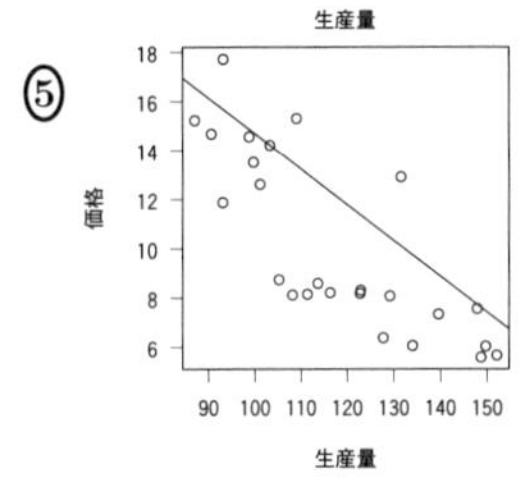

〔3〕最小二乗法による式 (A) の傾きの推定値は -0.14510，その標準誤差は 0.02316 であった。誤差項は互いに独立で同じ正規分布に従うと仮定する。このとき，傾きが 0 であるという帰無仮説に対する検定を行うための検定統計量の値と検定統計量の分布の組合せとして，次の ① ～ ⑤ のうちから最も適切なものを一つ選べ。 **11**

① 検定統計量の値は -5.27，検定統計量の分布は自由度 25 の t 分布

② 検定統計量の値は -7.27，検定統計量の分布は自由度 24 の t 分布

③ 検定統計量の値は -6.27，検定統計量の分布は自由度 24 の t 分布

④ 検定統計量の値は -7.27，検定統計量の分布は自由度 23 の t 分布

⑤ 検定統計量の値は -6.27，検定統計量の分布は自由度 23 の t 分布

問 5　標本調査に関する記述として，次の ① ～ ⑤ のうちから最も適切なものを一つ選べ。 **12**

① 多段抽出においては段数が増えるほど精緻な抽出方法であるので，二段抽出よりも三段抽出の方が高い精度が見込まれる抽出方法である。

② 層別抽出においては，各層内の値の散らばり具合が母集団を反映した散らばり具合になることが好ましい。

③ 繁華街での街頭インタビューで乱数表をもとに調査する人を抽出することで，この街全体の単純無作為抽出を実現できる。

④ 集落抽出（クラスター抽出）は単純無作為抽出と比べて時間と費用を節約できるが精度は落ちることがある。

⑤ 調査対象者に次の調査対象者を紹介してもらうことで回答率を上げることができれば，必ず精度は向上する。

問 6　2 種類のコイン A，B の重さを両側天秤ばかりで量ることを考える。コイン A の重さを a，コイン B の重さを b とし，いずれも未知であるとする。A と B の両方を天秤の片側に乗せると 2 つのコインの合計の重さ X が，A と B のそれぞれを天秤の両側に別々に乗せるとコインの重さの差 Y が計測される。ただし X と Y は誤差を含んでおり，平均 0，分散 σ^2 の独立な確率変数 ε_1，ε_2 を用いて $X = a + b + \varepsilon_1$，$Y = a - b + \varepsilon_2$ と表されるものとする。これら X と Y の和と差を 2 で割ることで，A と B の重さをそれぞれ推定することができる。このとき，B の重さの推定量の分散はいくらか。次の ① ～ ⑤ のうちから適切なものを一つ選べ。 **13**

① $\dfrac{\sigma^2}{4}$　　② $\dfrac{\sigma^2}{3}$　　③ $\dfrac{\sigma^2}{2}$　　④ σ^2　　⑤ $2\sigma^2$

問 7　ある加工場では，3 つの漁港 X，Y，Z で獲れた貝を仕入れている。漁港 X，Y，Z から仕入れた貝の中にはそれぞれ 10 %，5 %，2 %の割合で規格外の貝が含まれることが分かっている。この工場では，貝全体の 40 %を漁港 X から，30 %を漁港 Y から，30 %を漁港 Z から仕入れている。今，無作為に貝を 1 つ抽出する。

〔1〕抽出した貝が規格外であり，かつ漁港 X から仕入れたものである確率はいくらか。次の ① ～ ⑤ のうちから最も適切なものを一つ選べ。 **14**

① 0.01　② 0.02　③ 0.03　④ 0.04　⑤ 0.05

〔2〕抽出した貝が規格外である確率はいくらか。次の ① ～ ⑤ のうちから最も適切なものを一つ選べ。 **15**

① 0.02　② 0.04　③ 0.06　④ 0.08　⑤ 0.10

〔3〕抽出した貝が規格外であるという条件の下で，それが漁港 X から仕入れたものである確率はいくらか。次の ① ～ ⑤ のうちから最も適切なものを一つ選べ。
16

① 0.56　② 0.66　③ 0.76　④ 0.86　⑤ 0.96

問 8　将棋の名人戦では，名人と挑戦者が七番勝負（最大 7 回の対局）を行い，先に 4 勝した方が勝者となり，対局が終了する。20XX 年は名人 A と挑戦者 B が戦うこととなった。ただし，1 回の対局で名人 A が挑戦者 B に勝つ確率を 0.7，挑戦者 B が名人 A に勝つ確率を 0.3 とし，引き分けは無いものとする。また，各対局における勝敗は独立であるとする。

〔1〕対局が第 5 局（5 戦目）で終了し，かつ勝者が名人 A となる確率はいくらか。次の ① ～ ⑤ のうちから最も適切なものを一つ選べ。 **17**

① 0.29　② 0.33　③ 0.37　④ 0.41　⑤ 0.44

〔2〕対局が第 7 局（7 戦目）で終了する確率はいくらか。次の ① ～ ⑤ のうちから最も適切なものを一つ選べ。 **18**

① 0.03　② 0.07　③ 0.11　④ 0.15　⑤ 0.19

問 9　確率変数 X は平均 0，分散 σ_1^2 (>0) の正規分布に従い，確率変数 Y は平均 0，分散 σ_2^2 (>0) の正規分布に従うとし，X と Y は互いに独立とする。ここで，$U=X+Y$，$V=X-Y$ とおく。

〔1〕確率変数 U と V の相関係数はいくらか。次の ① ～ ⑤ のうちから適切なものを一つ選べ。 **19**

① 0　　② $\dfrac{1}{2}$　　③ $\dfrac{\sigma_1^2+\sigma_2^2}{\sigma_1^2\sigma_2^2}$

④ $\dfrac{\sigma_1^2-\sigma_2^2}{\sigma_1^2+\sigma_2^2}$　　⑤ $\dfrac{\sigma_1^2-\sigma_2^2}{2\sigma_1^2+2\sigma_2^2}$

〔2〕次の記述 I ～ Ⅲ は確率変数 U と V に関するものである。

I. U と V の平均は等しい。
Ⅱ. $\sigma_1^2=\sigma_2^2$ のときのみ U と V は互いに独立である。
Ⅲ. σ_1^2 と σ_2^2 の値によらず U と V は同じ分布に従う。

記述 I ～ Ⅲ に関して，次の ① ～ ⑤ のうちから最も適切なものを一つ選べ。
20

① I のみ正しい。　　② Ⅱ のみ正しい。
③ Ⅲ のみ正しい。　　④ I と Ⅱ のみ正しい。
⑤ I と Ⅱ と Ⅲ はすべて正しい。

問 10 確率変数 $X_1, \ldots, X_n$ は互いに独立に標準正規分布に従うものとし，$W_n = X_1^2 + \cdots + X_n^2$ とする。

〔1〕$W_1 \geq w$ となる確率が 0.05 となるような w の値として，次の ①～⑤ のうちから最も適切なものを一つ選べ。 **21**

① 1.64　② 1.96　③ 2.71　④ 3.84　⑤ 5.02

〔2〕$W_n \geq 2n$ となる確率が 0.05 未満となるような最小の n はいくらか。次の ①～⑤ のうちから適切なものを一つ選べ。 **22**

① 3　② 8　③ 13　④ 18　⑤ 30

問 11 ある都道府県で，喫茶店を営む事業所の年間売上高の母平均を調べるため，標本調査を行うことにした。この都道府県には喫茶店を営む事業所が 5,000 事業所以上あり，過去の調査で年間売上高の母変動係数は 0.4 と分かっているとする。95 %の確率で年間売上高の平均の相対誤差（誤差率，(推定値 − 真値)/真値）を ±5 %以下に抑えるには少なくとも何事業所調査すればよいか。次の ①～⑤ のうちから最も適切なものを一つ選べ。 **23**

① 110 事業所　② 160 事業所　③ 210 事業所
④ 260 事業所　⑤ 310 事業所

問 12　NHK による 2015 年国民生活時間調査によると，無作為に抽出された小学生 333 人の平日の睡眠時間の平均は 8 時間 35 分，標準偏差は 1 時間 2 分であった。

〔1〕小学生 333 人の平日の平均睡眠時間（分単位）の標準誤差はいくらか。次の ① 〜 ⑤ のうちから最も適切なものを一つ選べ。 **24**

① $\sqrt{62}$　② 62　③ $\dfrac{\sqrt{62}}{\sqrt{333}}$

④ $\dfrac{62}{\sqrt{333}}$　⑤ $\dfrac{62}{333}$

〔2〕全国の小学生の平均睡眠時間（母平均）を μ とする。μ の 90 %信頼区間として，次の ① 〜 ⑤ のうちから最も適切なものを一つ選べ。 **25**

① [6 時間 33 分，10 時間 37 分]　② [6 時間 53 分，10 時間 17 分]
③ [8 時間 12 分，8 時間 58 分]　④ [8 時間 16 分，8 時間 34 分]
⑤ [8 時間 29 分，8 時間 41 分]

〔3〕次の記述 I 〜 III は μ の推定および信頼区間に関するものである。

I. 平均睡眠時間の調査結果（8 時間 35 分）は，μ の不偏推定値である。
II. μ の 95 %信頼区間の幅は，90 %信頼区間の幅よりも狭い。
III. 333 人の調査結果の中からさらに 111 人の結果を無作為に抽出して作成された μ の 90 %信頼区間の幅は，333 人の調査結果から求められた 90 %信頼区間の幅のおよそ 3 倍になる。

記述 I 〜 III に関して，次の ① 〜 ⑤ のうちから最も適切なものを一つ選べ。

26

① I のみ正しい。　② II のみ正しい。
③ III のみ正しい。　④ II と III のみ正しい。
⑤ I と II と III はすべて正しい。

〔4〕同じ調査で，無作為に抽出された中学生 359 人の平日の睡眠時間の平均は 7 時間 48 分，標準偏差は 1 時間 40 分であった。全国の小学生と中学生の睡眠時間の分散（母分散）が等しいかどうか検定したい。小学生と中学生の睡眠時間が独立に正規分布に従っていると仮定し，中学生の睡眠時間の不偏分散を小学生の睡眠時間の不偏分散で割った F 統計量を用いて仮説検定を行うとき，F 統計量の分布の自由度はいくらか。次の ①～⑤ のうちから適切なものを一つ選べ。 **27**

① $(1, 1)$　② $(358, 332)$　③ $(359, 332)$

④ $(358, 333)$　⑤ $(359, 333)$

問 13　次の 2 元クロス集計表は，12〜18 歳の男女合計 100 人に，菓子 A が好きかどうかを尋ねたアンケートの結果をまとめたものである。性別によって菓子 A の好みに違いがあるかどうかを調べるため，独立性の検定を行いたい。

	A が好き	A が嫌い
男子	19	30
女子	8	43

〔1〕男子で菓子 A が好きであると答える期待度数として，次の ①〜⑤ のうちから最も適切なものを一つ選べ。 **28**

① 13.23　　② 13.77　　③ 23.23　　④ 35.77　　⑤ 37.23

〔2〕独立性の検定の棄却域を求めるときのカイ二乗分布の自由度はいくつか。次の ①〜⑤ のうちから適切なものを一つ選べ。 **29**

① 0　　② 1　　③ 2　　④ 3　　⑤ 4

問14　コンビニエンスストアチェーンX社は，ある都市の4つの異なる地域で5店舗ずつ計20店舗を展開している。地域ごとの売上げの違いを調べるため，昨年度の売上げデータを用いて地域を要因とする一元配置分散分析を行った結果，次の表を得た。

分散分析表

要因	平方和	自由度	平均平方	F値	Pr(>F)
地域	0.2204	（ア）	（ウ）	（オ）	0.0405
残差	0.3370	（イ）	（エ）		

〔1〕この20店舗の売上げの標本分散（不偏分散）はいくらか。次の①～⑤のうちから最も適切なものを一つ選べ。**30**

① 0.0293　② 0.0728　③ 0.0945　④ 0.5574　⑤ 6.0532

〔2〕表の（ア）～（オ）にあてはまる値の組合せとして，次の①～⑤のうちから最も適切なものを一つ選べ。**31**

① （ア）4　（イ）16　（ウ）0.05510　（エ）0.02106　（オ）0.382
② （ア）4　（イ）19　（ウ）0.05510　（エ）0.01774　（オ）0.322
③ （ア）4　（イ）19　（ウ）0.05510　（エ）0.01774　（オ）3.270
④ （ア）3　（イ）16　（ウ）0.07347　（エ）0.02106　（オ）0.280
⑤ （ア）3　（イ）16　（ウ）0.07347　（エ）0.02106　（オ）3.488

〔3〕この4つの地域における売上げの母平均をそれぞれ μ_1，μ_2，μ_3，μ_4 とする。上の分散分析表に基づき有意水準5％で検定を行ったときの記述として，次の①～④のうちから最も適切なものを一つ選べ。**32**

① 帰無仮説を $H_0: \mu_1 = \mu_2 = \mu_3 = \mu_4$，対立仮説を H_1：μ_1，μ_2，μ_3，μ_4 のうち少なくとも1つは異なる，として有意水準5％で検定を行うと，帰無仮説は棄却され，4つの各地域の売上げの平均のうち少なくとも1つは異なっていると結論できる。

② 帰無仮説を $H_0: \mu_1 = \mu_2 = \mu_3 = \mu_4$，対立仮説を H_1：μ_1，μ_2，μ_3，μ_4 のうち少なくとも1つは異なる，として有意水準5％で検定を行うと，帰無仮説は棄却できない。

③ 帰無仮説を $H_0: \mu_1 = \mu_2 = \mu_3 = \mu_4$，対立仮説を H_1：μ_1，μ_2，μ_3，μ_4 のすべてが異なる，として有意水準5％で検定を行うと，帰無仮説は棄却され，4つの各地域の売上げの平均はすべて異なっていると結論できる。

④ 帰無仮説を $H_0: \mu_1 = \mu_2 = \mu_3 = \mu_4$，対立仮説を H_1：μ_1，μ_2，μ_3，μ_4 のすべてが異なる，として有意水準5％で検定を行うと，帰無仮説は棄却できない。

問 15 Benjamin F. Jones and Bruce A. Weinberg (2011, "Age dynamics in scientific creativity," PNAS, 108(47), 18910–18914) は，ノーベル賞（物理学，化学，生理学・医学）の受賞者 525 人のデータを用いて以下のような重回帰モデルを推定し，検証した。

$$最盛期年齢 = \alpha + \beta_1 \times 最高学位取得年齢 + \beta_2 \times 理論研究ダミー + 誤差項$$

ここで「最盛期年齢」はノーベル賞受賞者が最も盛んに研究を行っていた年齢（推計値），「最高学位取得年齢」は最高学位（通常は博士号）を取得した年齢，「理論研究ダミー」はノーベル賞の対象となった研究が理論研究の場合に1，応用研究の場合に 0 をとるダミー変数である。統計ソフトウェアを利用して，「最盛期年齢」，「最高学位取得年齢」，「理論研究ダミー」に対応する変数 `Age`，`PhDAge`，`Theoretical` を作成し，上記の重回帰モデルを推定したところ，次のような出力結果が得られた。なお出力結果の `(Intercept)` は定数項 α を意味している。

出力結果

```
Call:
lm(formula = Age ~ PhDAge + Theoretical)

Residuals:
    Min      1Q  Median      3Q     Max
-18.611  -5.915  -0.826   4.870  39.566

Coefficients:
            Estimate Std. Error t value Pr(>|t|)
(Intercept)  31.9271     2.8117  11.355  < 2e-16 ***
PhDAge        0.3038     0.1064   2.856  0.00446 **
Theoretical  -4.4339     0.9355  -4.740 2.77e-06 ***

Residual standard error: 8.312 on 522 degrees of freedom
Multiple R-squared:  0.05745,Adjusted R-squared:  0.05384
F-statistic: 15.91 on 2 and 522 DF,  p-value: 1.965e-07
```

この出力結果について，以下の問いに答えよ。

〔1〕28 歳で博士号を取得して理論物理学の研究でノーベル物理学賞を受賞する研究者が将来現れるとする。この受賞者の研究者としての最盛期年齢の推計値として，次の ① ～ ⑤ のうちから最も適切なものを一つ選べ。 **33**

① 34 歳　② 36 歳　③ 38 歳　④ 40 歳　⑤ 42 歳

〔2〕有意水準5％で有意に正となるパラメータの組合せとして，次の①～⑤のうちから最も適切なものを一つ選べ。 **34**

① α, β_1, β_2　② β_1, β_2　③ α, β_1
④ α, β_2　⑤ β_1

〔3〕出力結果から読み取れるノーベル賞受賞者についての情報として，次の①～⑤のうちから最も適切なものを一つ選べ。 **35**

① 理論研究を中心に行う研究者の方が，若くして博士号を取得する傾向が見られる。
② 若くして博士号を取得した研究者の方が，遅く研究者としての最盛期に達する傾向が見られる。
③ 理論研究を中心に行う研究者の方が，遅く研究者としての最盛期に達する傾向が見られる。
④ 理論研究を中心に行う研究者とそうでない研究者の間に，最盛期に達する平均的な年齢について統計的に有意な差は見られない。
⑤ 理論研究を中心に行う研究者の方が，早く研究者としての最盛期に達する傾向が見られる。

統計検定2級　2017年6月　正解一覧

次ページ以降に解説を掲載しています。問題の趣旨やその考え方を理解するために活用してください。

問		解答番号	正解
問1	〔1〕	1	④
	〔2〕	2	③
問2	〔1〕	3	③
	〔2〕	4	②
	〔3〕	5	⑤
問3	〔1〕	6	③
	〔2〕	7	②
	〔3〕	8	①
問4	〔1〕	9	④
	〔2〕	10	②
	〔3〕	11	⑤
問5		12	④
問6		13	③
問7	〔1〕	14	④
	〔2〕	15	③
	〔3〕	16	②
問8	〔1〕	17	①
	〔2〕	18	⑤

問		解答番号	正解
問9	〔1〕	19	④
	〔2〕	20	⑤
問10	〔1〕	21	④
	〔2〕	22	②
問11		23	④
問12	〔1〕	24	④
	〔2〕	25	⑤
	〔3〕	26	①
	〔4〕	27	②
問13	〔1〕	28	①
	〔2〕	29	②
問14	〔1〕	30	①
	〔2〕	31	⑤
	〔3〕	32	①
問15	〔1〕	33	②
	〔2〕	34	③
	〔3〕	35	⑤

問 1

〔1〕 **1** ………………………………………… 正解 ④

Ⅰ：正しい。箱ひげ図から，TV 保有率の最小値は，PC 保有率の最大値よりも大きい。よって，すべての都道府県において TV 保有率が PC 保有率よりも高いことが分かる。

Ⅱ：正しい。都道府県は全部で 47 あるから，上位 10 都道府県における保有率はすべて第 3 四分位数以上になる。箱ひげ図から，PC 保有率の第 3 四分位数は DVD/BD 保有率の最大値よりも大きいので，これら 10 都道府県ではいずれも PC 保有率が DVD/BD 保有率よりも高いことが分かる。

Ⅲ：誤り。箱ひげ図から，SP 保有率の区間（最小値から最大値までの区間）と MP 保有率の区間には重なりがある。特に，SP 保有率の最小値は MP 保有率の最大値よりも低い。

以上から，正しい記述はⅠとⅡのみなので，正解は ④ である。

〔2〕 **2** ………………………………………… 正解 ③

箱ひげ図から，MP 保有率の最大値は 75%から 80%の間にあり，SP 保有率の最大値は 80%から 85%の間にあることが分かる。これらの条件を満たすヒストグラムは，MP：b，SP：a である。

よって，正解は ③ である。

（コメント）一般に，箱ひげ図から分かる情報は，外れ値の情報を除けば，5 数要約である。この問題ではヒストグラムの各階級の間隔は 5%（5 ポイント）であり，5 つの項目（PC，MP，SP，TV，DVD/BD）は最大値によって区別できる。したがって，a は SP，b は MP，c は PC，d は TV，e は DVD/BD であることが分かる。

問 2

〔1〕 **3** ………………………………………… 正解 ③

茨城県の農業経営体について，面積の小さい階級から度数を累積していくと，順に 371，8746，25877，36521，… と続く。また総度数 57681 の半分は 28840.5 である。したがって中央値を含む階級は (D) である。

よって，正解は ③ である。

〔2〕 **4** ………………………………………………… 正解 ②

長野県の農業経営体について，面積の小さい階級から度数を累積していくと，順に 1851，15909，36305，44022，… と続く。また総度数 53224 の 4 分の 1 と 4 分の 3 はそれぞれ 13306 と 39918 である。よって，第 1 四分位数と第 3 四分位数を含む階級はそれぞれ (B) と (D) である。

よって，正解は ② である。

〔3〕 **5** ………………………………………………… 正解 ⑤

北海道について，階級 (A)〜(B) の相対度数は $(342+986)/39620 \fallingdotseq 0.034 = 3.4\%$ である。よって，北海道を表す帯グラフは（エ）である。

同様に，秋田県について，階級 (A)〜(B) の相対度数は $(251+3219)/38539 \fallingdotseq 0.090 = 9.0\%$ である。よって，秋田県を表す帯グラフは（ウ）である。

よって，正解は ⑤ である。

（コメント）階級 (A)〜(B) の相対度数を比較すると，北海道 (3.4%)，秋田県 (9.0%)，茨城県（15.2%），長野県（29.9%）の順に大きくなる。このことから，北海道を表す帯グラフは（エ），秋田県を表す帯グラフが（ウ）であることが分かる。

問3

〔1〕 **6** ………………………………………………… 正解 ③

2015 年 8 月の訪日外客数（アジアおよび北アメリカの合計）の前年同月比伸び率（%）は，

$$\frac{1668-995}{995} \times 100 \fallingdotseq 68$$

となる。

よって，正解は ③ である。

〔2〕 **7** ………………………………………………… 正解 ②

Ⅰ： 誤り。季節性のある月次データの前期比伸び率は季節性を反映してしまうため，全体的な趨勢（トレンド）をとらえにくいことがある。季節性のある月次データの全体的な趨勢をとらえるためには，前年同月比伸び率や移動平均をとった値をプロットするとよい。

Ⅱ： 正しい。訪日外客数（左図）の推移をみると，訪日外客数（アジア計）と訪日外客数（北アメリカ計）の差は次第に開いていく傾向にあることが分かる。

Ⅲ：誤り。所与の図からでは，訪日外客数の前年同月比伸び率の違いの要因は読み取ることができない。一般的に，時系列データの水準と前年同月比伸び率の間には直接的な関係があるとはいえない。

以上から，正しい記述はⅡのみなので，正解は ② である。

〔3〕 **8** ……………………………………………… 正解 ①

①：適切である。訪日外客数（アジア計）は 2013 年から 2015 年にかけておよそ上昇を続ける趨勢がある。このような観測値の自己相関係数はラグ次数が長くなっても正の値をとることが多く，コレログラムは ① のような形状となる。

②：適切でない。自己相関係数が偶数のラグでは正，奇数のラグでは負の値をとるのは，観測値の上昇・下落が交互に続くような場合である。

③：適切でない。自己相関係数がすべてのラグでほぼ 0 になるのは，観測値が互いに無相関であるような場合である。

④：適切でない。自己相関係数が 4 の倍数のラグだけで正の値をとるのは，観測値に 4 か月周期の季節性がある一方，4 か月とは異なる間隔の観測値とは無相関であるような場合である。

よって，正解は ① である。

問 4

〔1〕 **9** ……………………………………………… 正解 ④

散布図より，生産量が多いほど価格が低いという関係が見られ，価格と生産量の間には負の相関があることが分かる。また選択肢の中にある -0.994 はほとんど直線上にデータが並んでいる状況に対応するので，選択肢の中では -0.794 が適切と考えられる。

よって，正解は ④ である。

〔2〕 **10** ……………………………………………… 正解 ②

回帰直線は点 $(\bar{x}, \bar{y})$ を通り，これは 2 変数の重心にあたる。また，所与の図から極端な外れ値がないので，直線の上側と下側にある観測値の数はおよそ同じであると考えられる。このことに留意して適切な回帰直線を選択する。

①：適切でない。回帰直線がデータの重心を通っておらず，位置が下にずれているため，多くの観測値が直線の上側にある。

②：適切である。回帰直線は重心あたりを通り，また，直線の上側と下側にある観測値の数はおよそ同じである。5つの選択肢の中では最もあてはまりがよいと考えられる。

③：適切でない。回帰直線がデータの重心を通っておらず，位置が下にずれているため，多くの観測値が直線の上側にある。

④：適切でない。回帰直線がデータの重心を通っておらず，位置が上にずれているため，多くの観測値が直線の下側にある。

⑤：適切でない。回帰直線がデータの重心を通っておらず，位置が上にずれているため，多くの観測値が直線の下側にある。

よって，正解は②である。

〔3〕 **11** ……………………………………… 正解 ⑤

問題文より標本の大きさは25であり，最小二乗法で推定したパラメータの数を引くと自由度は23となる。よって，真の傾きが0という帰無仮説の下で，傾きの推定値を標準誤差で割った量は自由度23の t 分布に従う。実際にこの統計量の値を計算すると $-0.14510/0.02316 \fallingdotseq -6.27$ となる。

よって，正解は⑤である。

問5

12 ……………………………………… 正解 ④

①：適切でない。多段抽出法は，段数が多くなるほど調査地域が少なくなり，調査の費用が少なくすむという利点があるが，平均などの推定精度は落ちる傾向にある。

②：適切でない。層別抽出法（層化抽出法）は，母集団に関する補助情報を活かして，母集団をできるだけ等質な構成要素から構成される層に分割して各層から標本を抽出することで精度を上げようとする手法である。各層が母集団の散らばり具合を反映している場合，各層は等質にはならず推定精度は落ちる。

③：適切でない。繁華街に集まっている人たちは調査対象の街の人々を反映した人たちとはいえず，世代構成や地域などが偏っている可能性があるため，乱数表を用いて標本を抽出しても，街全体からの無作為抽出とはならない。

④：適切である。クラスター（集落）抽出は，母集団をクラスターとよばれる小集団に分割し，いくつかのクラスターを抽出して，その中の対象すべてを調査する方法である。あらかじめクラスターごとの母集団名簿があれば，時間と費用が節約できるが，単純無作為抽出と比べて精度は落ちる傾向がある。

⑤：適切でない。調査対象者に次の調査対象者を紹介してもらうと，調査対象者が同質になる傾向にあり，社会的な地位や思想信条等が偏る可能性があるので，回答率を上げることができても必ずしも精度が上がるとはいえない。

よって，正解は ④ である。

問6

13 ································· 正解 ③

コインBの重さ b の推定量は，

$$\frac{X-Y}{2} = \frac{(a+b+\varepsilon_1)-(a-b+\varepsilon_2)}{2} = b + \frac{\varepsilon_1 - \varepsilon_2}{2}$$

であるので，この推定量の分散は $(\varepsilon_1 - \varepsilon_2)/2$ の分散となり，ε_1 と ε_2 が互いに独立なので $\left(\sigma^2+\sigma^2\right)/4 = \sigma^2/2$ となる。

よって，正解は ③ である。

（コメント）コインAの重さ a の推定量についても同様に $(X+Y)/2 = \{(a+b+\varepsilon_1)+(a-b+\varepsilon_2)\}/2 = a + (\varepsilon_1 + \varepsilon_2)/2$ であるので，分散は $\left(\sigma^2+\sigma^2\right)/4 = \sigma^2/2$ となる。

この方法でコインAとBの重さを推定すると，合計2回量ることで，AとBそれぞれの重さの推定量の分散を $\sigma^2/2$ とすることができる。一方，コインAとBをそれぞれ天秤の片側に乗せてAを1回，Bを1回量りそれぞれの計測値で重さを推定した場合，こちらも量った回数は合計2回であるが，推定量の分散は σ^2 となり，問題文の方法で推定した方が同じ回数でも高い精度で推定できることが分かる。

問7

〔1〕 **14** ································· 正解 ④

漁港Xから仕入れた貝である確率が0.4であり，漁港Xから仕入れた貝が規格外である確率は0.1であるから，求めるべき確率はこれらの積，つまり0.04である。

よって，正解は ④ である。

〔2〕 **15** ………………………………………………… 正解 ③

漁港Y，Zについても〔1〕と同様に計算し，すべて足し合わせればよい。したがって，

$$\begin{aligned}0.4 \times 0.1 + 0.3 \times 0.05 + 0.3 \times 0.02 &= 0.04 + 0.015 + 0.006 \\ &= 0.061\end{aligned}$$

となる。

よって，正解は ③ である。

〔3〕 **16** ………………………………………………… 正解 ②

〔1〕と〔2〕の結果から，抽出した貝が規格外であるという条件の下で，それが漁港Xから仕入れたものであるという条件付き確率は，

$$0.04/0.061 \fallingdotseq 0.66$$

となる。

よって，正解は ② である。

問8

〔1〕 **17** ………………………………………………… 正解 ①

「対局が第5局で終了し，かつ勝者が名人Aである」という事象は，「第4局までに名人Aが3勝し，かつ5局目で名人Aが勝つ」という事象と同じである。このような事象が起こる確率は，

$$\begin{aligned}\left({}_4C_3 \times (0.7)^3 \times 0.3\right) \times 0.7 &= 4 \times (0.7)^4 \times 0.3 \\ &= 0.28812\end{aligned}$$

となる。

よって，正解は ① である。

〔2〕 **18** ………………………………………………… 正解 ⑤

「対局が第7局で終了する」という事象は，「第6局までに名人Aと挑戦者Bがそれぞれ3勝する」という事象と同じである。このような事象が起こる確率は，

$$\begin{aligned}{}_6C_3 \times (0.7)^3 \times (0.3)^3 &= 20 \times (0.21)^3 \\ &= 0.18522\end{aligned}$$

となる。

よって，正解は ⑤ である。

問9

〔1〕 **19** …… 正解 ④

確率変数 X と Y は互いに独立なので，U と V の分散と共分散は，

$$
\begin{aligned}
V[U] &= V[X+Y] \\
&= V[X] + V[Y] \\
&= \sigma_1^2 + \sigma_2^2 \\
V[V] &= V[X-Y] \\
&= V[X] + V[Y] \\
&= \sigma_1^2 + \sigma_2^2
\end{aligned}
$$

$$
\begin{aligned}
Cov[U,V] &= Cov[X+Y, X-Y] \\
&= Cov[X,X] - Cov[X,Y] + Cov[Y,X] - Cov[Y,Y] \\
&= V[X] - Cov[X,Y] + Cov[X,Y] - V[Y] \\
&= \sigma_1^2 - \sigma_2^2
\end{aligned}
$$

となる。よって，確率変数 U と V の相関係数は，

$$
\frac{\sigma_1^2 - \sigma_2^2}{\sqrt{\sigma_1^2 + \sigma_2^2}\sqrt{\sigma_1^2 + \sigma_2^2}} = \frac{\sigma_1^2 - \sigma_2^2}{\sigma_1^2 + \sigma_2^2}
$$

となる。

よって，正解は ④ である。

〔2〕 **20** …… 正解 ⑤

確率変数 X と Y は互いに独立に正規分布に従うので，確率変数 $U = X + Y$ と $V = X - Y$ の同時分布は 2 変量正規分布である。また，〔1〕の計算から周辺分布はそれぞれ

$$
U \sim N(0, \sigma_1^2 + \sigma_2^2), \quad V \sim N(0, \sigma_1^2 + \sigma_2^2)
$$

となる。

Ⅰ： 正しい。確率変数 U と V の平均はどちらも 0 である。

Ⅱ： 正しい。確率変数 U と V は 2 変量正規分布に従うので，相関係数が 0 となる場合のみ，互いに独立となる。〔1〕より相関係数が 0 となるのは，$\sigma_1^2 = \sigma_2^2$ のときのみである。

Ⅲ： 正しい。どちらも平均 0，分散 $\sigma_1^2 + \sigma_2^2$ の正規分布に従う。

以上から，正しい記述はⅠとⅡとⅢのすべてであるので正解は ⑤ である。

問10

〔1〕 **21** …………………………………… 正解 ④

$W_1 = X_1^2$ は自由度 1 のカイ二乗分布に従う。したがって，$P(W_1 \geq w) = 0.05$ となる w の値は，分布表から $\chi^2_{0.05}(1) = 3.84$ である。

よって，正解は ④ である。

（コメント）正規分布の性質を知っていれば，次のように答えを導くこともできる。$w \geq 0$ のとき，$P(X_1^2 \geq w) = P(|X_1| \geq \sqrt{w}) = 2P(X_1 \geq \sqrt{w})$ が成り立つ。そこで，$P(X_1 \geq x) = 0.025$ となるような x を求めると，分布表から $x = 1.96$ であることが分かる。よって $w = x^2 = (1.96)^2 = 3.8416$ となる。

〔2〕 **22** …………………………………… 正解 ②

$W_n = X_1^2 + \cdots + X_n^2$ は自由度 n のカイ二乗分布に従う。$W_n \geq 2n$ となる確率が 0.05 未満になるのは，自由度 n のカイ二乗分布の上側 5%点が $2n$ より小さいということである：

$$P(W_n \geq 2n) < 0.05 = P(W_n \geq \chi^2_{0.05}(n))$$
$$\Leftrightarrow 2n > \chi^2_{0.05}(n)$$

そこで分布表を調べると，以下の表のようになっており，この不等式を満たす最小の n は 8 であることが分かる。

n	1	2	3	4	5	6	7	8	9
$\chi^2_{0.05}(n)$	3.84	5.99	7.81	9.49	11.07	12.59	14.07	15.51	16.92
$2n$	2	4	6	8	10	12	14	16	18

よって，正解は ② である。

問 11

23 ……………………………………………… 正解 ④

年間売上高の標本平均 $\bar{X}$ で母集団平均 μ を推定するとき，95%の確率で相対誤差を ±5%以下に抑えているとは，

$$\mathrm{P}\left(\left|\frac{\bar{X}-\mu}{\mu}\right| \leq 0.05\right) = 0.95$$

が成り立っていることである。ここで，左辺カッコ内の不等式に (正である) 売上高の平均値 μ をかけ推定量 $\bar{X}$ の標準偏差（標準誤差）SE で割ると，

$$\mathrm{P}\left(\left|\frac{\bar{X}-\mu}{SE}\right| \leq \frac{0.05\mu}{SE}\right) = 0.95$$

となる。母集団が十分大きいと考えると，SE は近似的に $\sigma/\sqrt{n}$ となる。ただし σ は母集団の標準偏差である。これを上の式の左辺のカッコ内の不等式の右辺に代入すると，

$$\mathrm{P}\left(\left|\frac{\bar{X}-\mu}{SE}\right| \leq \frac{0.05\mu}{\sigma}\sqrt{n}\right) = 0.95$$

となる。いま母集団の変動係数 σ/μ が 0.4 と分かっていることから，

$$\mathrm{P}\left(\left|\frac{\bar{X}-\mu}{SE}\right| \leq \frac{0.05}{0.4}\sqrt{n}\right) = 0.95$$

となる。ここで，$\dfrac{\bar{x}-\mu}{SE}$ の分布が近似的に標準正規分布に従っていると考えて，

$$\frac{0.05}{0.4}\sqrt{n} = 1.96$$

を解いた $n \fallingdotseq 246$ 以上の事業所，または正規近似の精度を考え 1.96 を大きめに見積もって 2 とした

$$\frac{0.05}{0.4}\sqrt{n} = 2$$

を解いた $n = 256$ 以上の事業所を調べればよいことが分かる。よって少なくとも必要とされる標本の大きさは，上記の等式で求められた標本の大きさより大きい数の選択肢の中で最小の数となるので，260 事業所が最も適切である。

よって，正解は ④ である。

（コメント）有限修正をした場合，$SE = \sigma\sqrt{\dfrac{N-n}{n\,(N-1)}}$ となる（N は母集団の大

きさ)。よって，上と同様にして，

$$\frac{0.05}{0.4}\sqrt{\frac{n(N-1)}{N-n}} = 1.96$$

が得られる。これを解いて，それ以上の大きさの標本を抽出すれば条件の式を満足する。この都道府県には喫茶店を営む事業所が 5000 事業所以上あるので，$N = 5000$ とおいて，

$$\frac{0.05}{0.4}\sqrt{\frac{4999n}{5000-n}} = 1.96$$

を解いて，$n \fallingdotseq 234$ 以上の事業所。または 1.96 を多めに見積もって 2 とした

$$\frac{0.05}{0.4}\sqrt{\frac{4999n}{5000-n}} = 2$$

を解いて，$n \fallingdotseq 244$ 以上の事業所を調べればよいことが分かる。

問 12

〔1〕 **24** ………………………………………… 正解 ④

一般に，無作為標本 $X_1, X_2, \cdots, X_n$ の標本平均 $\bar{X}_n$ の標準誤差は，

$$\frac{\text{標本標準偏差}}{\sqrt{n}}$$

である。小学生 333 人の睡眠時間の（標本）標準偏差は 62 分であるから，333 人の平均睡眠時間の標準誤差は，

$$\frac{62}{\sqrt{333}}$$

となる。

よって，正解は ④ である。

〔2〕 **25** ………………………………………… 正解 ⑤

標本の大きさが 333 と大きいので，正規近似を用いる。この場合，小学生 333 人の平均睡眠時間は平均 μ，標準偏差 $\frac{62}{\sqrt{333}}$ の正規分布で近似されるので，μ の 90% 信頼区間は，

$$8\text{ 時間 } 35\text{ 分} \pm 1.645 \times \frac{62}{\sqrt{333}}\text{分} \fallingdotseq 8\text{ 時間 } 35\text{ 分} \pm 6\text{ 分}$$

より，[8 時間 29 分，8 時間 41 分] となる。

よって，正解は ⑤ である。

〔3〕 **26** ········ 正解 ①

Ⅰ：正しい。無作為標本の標本平均は，母平均の不偏推定値である。

Ⅱ：誤り。信頼係数が大きいほど信頼区間の幅は広くなるので，μ の 95%信頼区間の幅は，90%信頼区間の幅よりも広い。

Ⅲ：誤り。333 人の調査結果より求められる μ の 90%信頼区間は，

$$333\text{ 人の標本平均} \pm 1.645 \times \frac{333\text{ 人の標本標準偏差}}{\sqrt{333}}$$

であり，111 人の調査結果より求められる μ の 90%信頼区間は，

$$111\text{ 人の標本平均} \pm 1.645 \times \frac{111\text{ 人の標本標準偏差}}{\sqrt{111}}$$

である。それぞれの標本標準偏差は，母集団標準偏差の一致推定量であるので，両標本間での標本標準偏差の違いは小さいと考えられる。したがって，信頼区間の幅の比は，

$$\frac{2 \times 1.645 \times \dfrac{111\text{ 人の標本標準偏差}}{\sqrt{111}}}{2 \times 1.645 \times \dfrac{333\text{ 人の標本標準偏差}}{\sqrt{333}}} \fallingdotseq \sqrt{3}$$

となる。

以上から，正しい記述はⅠのみなので，正解は ① である。

〔4〕 **27** ········ 正解 ②

2 つの正規母集団の母分散の大きさの検定は，それぞれの不偏分散の比である F 統計量を用いて検定できる。この F 統計量の自由度は，

$$(\text{分子の標本の大きさ} - 1,\ \text{分母の標本の大きさ} - 1)$$

であるので，全国の小学生と中学生の睡眠時間の分散が等しいかどうかの検定のための F 統計量の自由度は，

$$(359 - 1,\ 333 - 1) = (358,\ 332)$$

となる。

よって，正解は ② である。

問13

〔1〕 **28** ·· 正解 ①

独立性の仮説の下では，期待度数は周辺度数の積を全度数で割った値となる。この問題では，

$$\frac{(\text{男子の人数}) \times (\text{菓子 A が好きと答えた人数})}{(\text{全人数})}$$
$$= \frac{49 \times 27}{100} = 13.23$$

となる。

よって，正解は ① である。

〔2〕 **29** ·· 正解 ②

一般に，I 行 J 列のクロス集計表に対する独立性の検定を考える場合，棄却域を求めるときのカイ二乗分布の自由度は $(I-1) \times (J-1)$ となる。この問題では $I = 2$，$J = 2$ であるから自由度は 1 となる。

よって，正解は ② である。

（コメント）自由度を求めるには，下表のような周辺度数のみを示した表を考える。2×2 のクロス集計表の場合，どれか 1 つのセルの値を定めると，あとは全部定まる。これが自由度 1 と言っている意味である。

	A が好き	A が嫌い	
男子			49
女子			51
	27	73	100

たとえば，男子で A が嫌いの値△が決まると，他のセルの値は△を用いて下表のように決まる。ただし，はじめの値△はどのセルも非負になるように設定しなくてはならない。

	A が好き	A が嫌い	
男子	49 − △	△	49
女子	27 − 49 + △	73 − △	51
	27	73	100

一般に，$I \times J$ のクロス集計表の場合，$(I-1) \times (J-1)$ 個のセルの値を定めると，あとは全部定まる。

問 14

〔1〕 **30** ……………………………………… 正解 ①

平方和の分解から，

$$\begin{aligned}\text{全平方和} &= \text{水準間（地域間）平方和} + \text{残差平方和}\\ &= 0.2204 + 0.3370\\ &= 0.5574\end{aligned}$$

が成り立つ。不偏分散はこの値を $20 - 1 = 19$ で割ったものであり，計算すると約 0.0293 となる。

よって，正解は ① である。

〔2〕 **31** ……………………………………… 正解 ⑤

4 つの地域があるとき，地域間の変動に関する自由度は $4 - 1 = 3$ であり，その平均平方は平方和を自由度で割った量であるから $0.2204/3 \fallingdotseq 0.07347$ となる。また残差の自由度は $20 - 4 = 16$ となり，平均平方は $0.3370/16 \fallingdotseq 0.02106$ となる。最後に，F 値は地域に関する平均平方を残差平均平方で割った値であるから，$0.07347/0.02106 \fallingdotseq 3.4886$ となる。この値は，表にある p 値とも矛盾しない。

よって，(ア) ～ (オ) にあてはまる値はそれぞれ 3, 16, 0.07347, 0.02106, 3.4886 となる。

よって，正解は ⑤ である。

〔3〕 **32** ……………………………………… 正解 ①

分散分析表で想定される帰無仮説は「すべての水準間で母平均が等しい」というものであり，対立仮説は「少なくとも 1 組の水準間で母平均が異なる」というものである。これに該当する選択肢は ① と ② である。また，与えられた分散分析表では p 値が 0.0405 となっており，有意水準 5%よりも小さいので，帰無仮説は棄却される。

よって，正解は ① である。

問 15

〔1〕 **33** ・・ 正解 ②

理論物理学の研究は理論研究であると考えられる。よって，仮定した重回帰モデルと統計ソフトウェアの出力結果から，最盛期年齢の推計値は，

$$
\begin{aligned}
&\alpha + \beta_1 \times 28 + \beta_2 \times 1 \\
&= 31.9271 + 0.3038 \times 28 - 4.4339 \times 1 \\
&= 35.9996
\end{aligned}
$$

となる。なお，年齢は整数値であるのに対して，回帰モデルでは目的変数を実数値と考えている。この場合，予測値としては回帰モデルの予測値に 0.5 を加えるという考え方もある。しかしその場合も，与えられた選択肢では ② が最も近い値となっている。

よって，正解は ② である。

〔2〕 **34** ・・ 正解 ③

統計ソフトウェアの出力結果を見ると，Intercept, PhDAge, Theoretical の両側検定における p 値はともに 5%以下となっている。ただし問題では有意に正となるパラメータがどれかを問うているので，出力結果を見ると，Intercept と PhDAge のパラメータのみが有意に正である。

よって，正解は ③ である。

〔3〕 **35** ・・ 正解 ⑤

① : 適切でない。出力結果は，博士号を取得する年齢の傾向でなく，最盛期年齢の傾向を調べたものである。

② : 適切でない。有意に $\beta_1 > 0$ なので，若くして博士号を取得した研究者の方が，最盛期年齢は低い傾向がある。

③ : 適切でない。有意に $\beta_2 < 0$ なので，理論研究を中心に行う研究者の方が，最盛期年齢は低い傾向がある。

④ : 適切でない。有意に $\beta_2 < 0$ なので，他の条件が一定の下で理論研究と応用研究の研究者の間には，最盛期の年齢について有意な差があるといえる。

⑤ : 適切である。有意に $\beta_2 < 0$ なので，理論研究を中心に行う研究者の方が，最盛期年齢は低い傾向がある。

よって，正解は ⑤ である。

付　表

付表 1. 標準正規分布の上側確率

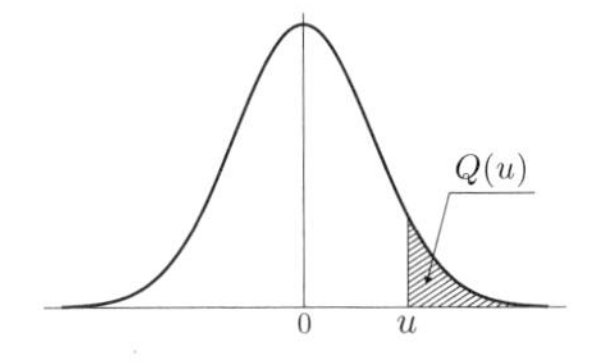

u	.00	.01	.02	.03	.04	.05	.06	.07	.08	.09
0.0	0.5000	0.4960	0.4920	0.4880	0.4840	0.4801	0.4761	0.4721	0.4681	0.4641
0.1	0.4602	0.4562	0.4522	0.4483	0.4443	0.4404	0.4364	0.4325	0.4286	0.4247
0.2	0.4207	0.4168	0.4129	0.4090	0.4052	0.4013	0.3974	0.3936	0.3897	0.3859
0.3	0.3821	0.3783	0.3745	0.3707	0.3669	0.3632	0.3594	0.3557	0.3520	0.3483
0.4	0.3446	0.3409	0.3372	0.3336	0.3300	0.3264	0.3228	0.3192	0.3156	0.3121
0.5	0.3085	0.3050	0.3015	0.2981	0.2946	0.2912	0.2877	0.2843	0.2810	0.2776
0.6	0.2743	0.2709	0.2676	0.2643	0.2611	0.2578	0.2546	0.2514	0.2483	0.2451
0.7	0.2420	0.2389	0.2358	0.2327	0.2296	0.2266	0.2236	0.2206	0.2177	0.2148
0.8	0.2119	0.2090	0.2061	0.2033	0.2005	0.1977	0.1949	0.1922	0.1894	0.1867
0.9	0.1841	0.1814	0.1788	0.1762	0.1736	0.1711	0.1685	0.1660	0.1635	0.1611
1.0	0.1587	0.1562	0.1539	0.1515	0.1492	0.1469	0.1446	0.1423	0.1401	0.1379
1.1	0.1357	0.1335	0.1314	0.1292	0.1271	0.1251	0.1230	0.1210	0.1190	0.1170
1.2	0.1151	0.1131	0.1112	0.1093	0.1075	0.1056	0.1038	0.1020	0.1003	0.0985
1.3	0.0968	0.0951	0.0934	0.0918	0.0901	0.0885	0.0869	0.0853	0.0838	0.0823
1.4	0.0808	0.0793	0.0778	0.0764	0.0749	0.0735	0.0721	0.0708	0.0694	0.0681
1.5	0.0668	0.0655	0.0643	0.0630	0.0618	0.0606	0.0594	0.0582	0.0571	0.0559
1.6	0.0548	0.0537	0.0526	0.0516	0.0505	0.0495	0.0485	0.0475	0.0465	0.0455
1.7	0.0446	0.0436	0.0427	0.0418	0.0409	0.0401	0.0392	0.0384	0.0375	0.0367
1.8	0.0359	0.0351	0.0344	0.0336	0.0329	0.0322	0.0314	0.0307	0.0301	0.0294
1.9	0.0287	0.0281	0.0274	0.0268	0.0262	0.0256	0.0250	0.0244	0.0239	0.0233
2.0	0.0228	0.0222	0.0217	0.0212	0.0207	0.0202	0.0197	0.0192	0.0188	0.0183
2.1	0.0179	0.0174	0.0170	0.0166	0.0162	0.0158	0.0154	0.0150	0.0146	0.0143
2.2	0.0139	0.0136	0.0132	0.0129	0.0125	0.0122	0.0119	0.0116	0.0113	0.0110
2.3	0.0107	0.0104	0.0102	0.0099	0.0096	0.0094	0.0091	0.0089	0.0087	0.0084
2.4	0.0082	0.0080	0.0078	0.0075	0.0073	0.0071	0.0069	0.0068	0.0066	0.0064
2.5	0.0062	0.0060	0.0059	0.0057	0.0055	0.0054	0.0052	0.0051	0.0049	0.0048
2.6	0.0047	0.0045	0.0044	0.0043	0.0041	0.0040	0.0039	0.0038	0.0037	0.0036
2.7	0.0035	0.0034	0.0033	0.0032	0.0031	0.0030	0.0029	0.0028	0.0027	0.0026
2.8	0.0026	0.0025	0.0024	0.0023	0.0023	0.0022	0.0021	0.0021	0.0020	0.0019
2.9	0.0019	0.0018	0.0018	0.0017	0.0016	0.0016	0.0015	0.0015	0.0014	0.0014
3.0	0.0013	0.0013	0.0013	0.0012	0.0012	0.0011	0.0011	0.0011	0.0010	0.0010
3.1	0.0010	0.0009	0.0009	0.0009	0.0008	0.0008	0.0008	0.0008	0.0007	0.0007
3.2	0.0007	0.0007	0.0006	0.0006	0.0006	0.0006	0.0006	0.0005	0.0005	0.0005
3.3	0.0005	0.0005	0.0005	0.0004	0.0004	0.0004	0.0004	0.0004	0.0004	0.0003
3.4	0.0003	0.0003	0.0003	0.0003	0.0003	0.0003	0.0003	0.0003	0.0003	0.0002
3.5	0.0002	0.0002	0.0002	0.0002	0.0002	0.0002	0.0002	0.0002	0.0002	0.0002
3.6	0.0002	0.0002	0.0001	0.0001	0.0001	0.0001	0.0001	0.0001	0.0001	0.0001
3.7	0.0001	0.0001	0.0001	0.0001	0.0001	0.0001	0.0001	0.0001	0.0001	0.0001
3.8	0.0001	0.0001	0.0001	0.0001	0.0001	0.0001	0.0001	0.0001	0.0001	0.0001
3.9	0.0000	0.0000	0.0000	0.0000	0.0000	0.0000	0.0000	0.0000	0.0000	0.0000

$u = 0.00 \sim 3.99$ に対する，正規分布の上側確率 $Q(u)$ を与える。
例：$u = 1.96$ に対しては，左の見出し 1.9 と上の見出し .06 との交差点で，
$Q(u) = .0250$ と読む。表にない u に対しては適宜補間すること。

付表 2. t 分布のパーセント点

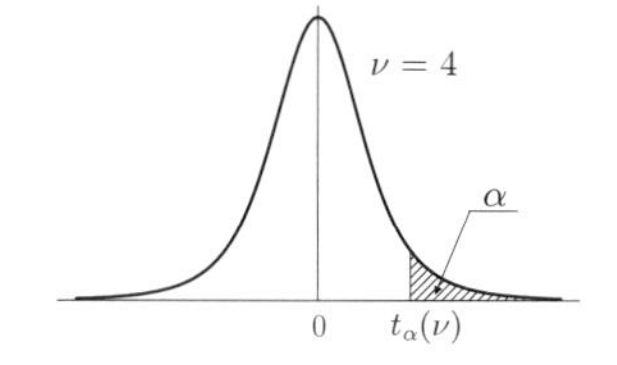

	α				
ν	0.10	0.05	0.025	0.01	0.005
1	3.078	6.314	12.706	31.821	63.656
2	1.886	2.920	4.303	6.965	9.925
3	1.638	2.353	3.182	4.541	5.841
4	1.533	2.132	2.776	3.747	4.604
5	1.476	2.015	2.571	3.365	4.032
6	1.440	1.943	2.447	3.143	3.707
7	1.415	1.895	2.365	2.998	3.499
8	1.397	1.860	2.306	2.896	3.355
9	1.383	1.833	2.262	2.821	3.250
10	1.372	1.812	2.228	2.764	3.169
11	1.363	1.796	2.201	2.718	3.106
12	1.356	1.782	2.179	2.681	3.055
13	1.350	1.771	2.160	2.650	3.012
14	1.345	1.761	2.145	2.624	2.977
15	1.341	1.753	2.131	2.602	2.947
16	1.337	1.746	2.120	2.583	2.921
17	1.333	1.740	2.110	2.567	2.898
18	1.330	1.734	2.101	2.552	2.878
19	1.328	1.729	2.093	2.539	2.861
20	1.325	1.725	2.086	2.528	2.845
21	1.323	1.721	2.080	2.518	2.831
22	1.321	1.717	2.074	2.508	2.819
23	1.319	1.714	2.069	2.500	2.807
24	1.318	1.711	2.064	2.492	2.797
25	1.316	1.708	2.060	2.485	2.787
26	1.315	1.706	2.056	2.479	2.779
27	1.314	1.703	2.052	2.473	2.771
28	1.313	1.701	2.048	2.467	2.763
29	1.311	1.699	2.045	2.462	2.756
30	1.310	1.697	2.042	2.457	2.750
40	1.303	1.684	2.021	2.423	2.704
60	1.296	1.671	2.000	2.390	2.660
120	1.289	1.658	1.980	2.358	2.617
240	1.285	1.651	1.970	2.342	2.596
∞	1.282	1.645	1.960	2.326	2.576

自由度 ν の t 分布の上側確率 α に対する t の値を $t_\alpha(\nu)$ で表す。
例：自由度 $\nu = 20$ の上側 5%点 ($\alpha = 0.05$) は，$t_{0.05}(20) = 1.725$ である。
表にない自由度に対しては適宜補間すること。

付表 3. カイ二乗分布のパーセント点

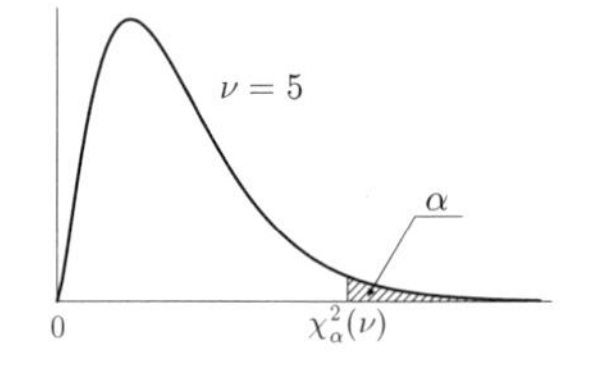

	α							
ν	0.99	0.975	0.95	0.90	0.10	0.05	0.025	0.01
1	0.00	0.00	0.00	0.02	2.71	3.84	5.02	6.63
2	0.02	0.05	0.10	0.21	4.61	5.99	7.38	9.21
3	0.11	0.22	0.35	0.58	6.25	7.81	9.35	11.34
4	0.30	0.48	0.71	1.06	7.78	9.49	11.14	13.28
5	0.55	0.83	1.15	1.61	9.24	11.07	12.83	15.09
6	0.87	1.24	1.64	2.20	10.64	12.59	14.45	16.81
7	1.24	1.69	2.17	2.83	12.02	14.07	16.01	18.48
8	1.65	2.18	2.73	3.49	13.36	15.51	17.53	20.09
9	2.09	2.70	3.33	4.17	14.68	16.92	19.02	21.67
10	2.56	3.25	3.94	4.87	15.99	18.31	20.48	23.21
11	3.05	3.82	4.57	5.58	17.28	19.68	21.92	24.72
12	3.57	4.40	5.23	6.30	18.55	21.03	23.34	26.22
13	4.11	5.01	5.89	7.04	19.81	22.36	24.74	27.69
14	4.66	5.63	6.57	7.79	21.06	23.68	26.12	29.14
15	5.23	6.26	7.26	8.55	22.31	25.00	27.49	30.58
16	5.81	6.91	7.96	9.31	23.54	26.30	28.85	32.00
17	6.41	7.56	8.67	10.09	24.77	27.59	30.19	33.41
18	7.01	8.23	9.39	10.86	25.99	28.87	31.53	34.81
19	7.63	8.91	10.12	11.65	27.20	30.14	32.85	36.19
20	8.26	9.59	10.85	12.44	28.41	31.41	34.17	37.57
25	11.52	13.12	14.61	16.47	34.38	37.65	40.65	44.31
30	14.95	16.79	18.49	20.60	40.26	43.77	46.98	50.89
35	18.51	20.57	22.47	24.80	46.06	49.80	53.20	57.34
40	22.16	24.43	26.51	29.05	51.81	55.76	59.34	63.69
50	29.71	32.36	34.76	37.69	63.17	67.50	71.42	76.15
60	37.48	40.48	43.19	46.46	74.40	79.08	83.30	88.38
70	45.44	48.76	51.74	55.33	85.53	90.53	95.02	100.43
80	53.54	57.15	60.39	64.28	96.58	101.88	106.63	112.33
90	61.75	65.65	69.13	73.29	107.57	113.15	118.14	124.12
100	70.06	74.22	77.93	82.36	118.50	124.34	129.56	135.81
120	86.92	91.57	95.70	100.62	140.23	146.57	152.21	158.95
140	104.03	109.14	113.66	119.03	161.83	168.61	174.65	181.84
160	121.35	126.87	131.76	137.55	183.31	190.52	196.92	204.53
180	138.82	144.74	149.97	156.15	204.70	212.30	219.04	227.06
200	156.43	162.73	168.28	174.84	226.02	233.99	241.06	249.45
240	191.99	198.98	205.14	212.39	268.47	277.14	284.80	293.89

自由度 ν のカイ二乗分布の上側確率 α に対する χ^2 の値を $\chi^2_\alpha(\nu)$ で表す。
例：自由度 $\nu = 20$ の上側 5%点 $(\alpha = 0.05)$ は，$\chi^2_{0.05}(20) = 31.41$ である。
表にない自由度に対しては適宜補間すること。

付表 4. F 分布のパーセント点

$\alpha = 0.05$

$\nu_2 \backslash \nu_1$	1	2	3	4	5	6	7	8	9	10	15	20	40	60	120	∞
5	6.608	5.786	5.409	5.192	5.050	4.950	4.876	4.818	4.772	4.735	4.619	4.558	4.464	4.431	4.398	4.365
10	4.965	4.103	3.708	3.478	3.326	3.217	3.135	3.072	3.020	2.978	2.845	2.774	2.661	2.621	2.580	2.538
15	4.543	3.682	3.287	3.056	2.901	2.790	2.707	2.641	2.588	2.544	2.403	2.328	2.204	2.160	2.114	2.066
20	4.351	3.493	3.098	2.866	2.711	2.599	2.514	2.447	2.393	2.348	2.203	2.124	1.994	1.946	1.896	1.843
25	4.242	3.385	2.991	2.759	2.603	2.490	2.405	2.337	2.282	2.236	2.089	2.007	1.872	1.822	1.768	1.711
30	4.171	3.316	2.922	2.690	2.534	2.421	2.334	2.266	2.211	2.165	2.015	1.932	1.792	1.740	1.683	1.622
40	4.085	3.232	2.839	2.606	2.449	2.336	2.249	2.180	2.124	2.077	1.924	1.839	1.693	1.637	1.577	1.509
60	4.001	3.150	2.758	2.525	2.368	2.254	2.167	2.097	2.040	1.993	1.836	1.748	1.594	1.534	1.467	1.389
120	3.920	3.072	2.680	2.447	2.290	2.175	2.087	2.016	1.959	1.910	1.750	1.659	1.495	1.429	1.352	1.254

$\alpha = 0.025$

$\nu_2 \backslash \nu_1$	1	2	3	4	5	6	7	8	9	10	15	20	40	60	120	∞
5	10.007	8.434	7.764	7.388	7.146	6.978	6.853	6.757	6.681	6.619	6.428	6.329	6.175	6.123	6.069	6.015
10	6.937	5.456	4.826	4.468	4.236	4.072	3.950	3.855	3.779	3.717	3.522	3.419	3.255	3.198	3.140	3.080
15	6.200	4.765	4.153	3.804	3.576	3.415	3.293	3.199	3.123	3.060	2.862	2.756	2.585	2.524	2.461	2.395
20	5.871	4.461	3.859	3.515	3.289	3.128	3.007	2.913	2.837	2.774	2.573	2.464	2.287	2.223	2.156	2.085
25	5.686	4.291	3.694	3.353	3.129	2.969	2.848	2.753	2.677	2.613	2.411	2.300	2.118	2.052	1.981	1.906
30	5.568	4.182	3.589	3.250	3.026	2.867	2.746	2.651	2.575	2.511	2.307	2.195	2.009	1.940	1.866	1.787
40	5.424	4.051	3.463	3.126	2.904	2.744	2.624	2.529	2.452	2.388	2.182	2.068	1.875	1.803	1.724	1.637
60	5.286	3.925	3.343	3.008	2.786	2.627	2.507	2.412	2.334	2.270	2.061	1.944	1.744	1.667	1.581	1.482
120	5.152	3.805	3.227	2.894	2.674	2.515	2.395	2.299	2.222	2.157	1.945	1.825	1.614	1.530	1.433	1.310

自由度 (ν_1, ν_2) の F 分布の上側確率 α に対する F の値を $F_\alpha(\nu_1, \nu_2)$ で表す。
例：自由度 $\nu_1 = 5$, $\nu_2 = 20$ の上側 5%点 $(\alpha = 0.05)$ は，$F_{0.05}(5, 20) = 2.711$ である。
表にない自由度に対しては適宜補間すること。

■**統計検定ウェブサイト**：https://www.toukei-kentei.jp/

検定の実施予定，受験方法などは，年によって変更される場合もあります。最新の情報は上記ウェブサイトに掲載しているので，参照してください。

●本書の内容に関するお問合せについて

本書の内容に誤りと思われるところがありましたら，まずは小社ブックスサイト（jitsumu.hondana.jp）中の本書ページ内にある正誤表・訂正表をご確認ください。正誤表・訂正表がない場合や該当箇所が掲載されていない場合は，書名，発行年月日，お客様の名前・連絡先，該当箇所のページ番号と具体的な誤りの内容・理由等をご記入のうえ，郵便，FAX，メールにてお問合せください。

〒163-8671　東京都新宿区1-1-12　実務教育出版 第二編集部問合せ窓口

FAX：03-5369-2237　　E-mail：jitsumu_2hen@jitsumu.co.jp

【ご注意】

※電話でのお問合せは，一切受け付けておりません。

※内容の正誤以外のお問合せ（詳しい解説・受験指導のご要望等）には対応できません。

日本統計学会公式認定

統計検定2級　公式問題集〈2017～2019年〉

2020年3月31日　初版第1刷発行　　〈検印省略〉

2021年5月10日　初版第3刷発行

編　者　一般社団法人　日本統計学会　出版企画委員会

著　者　一般財団法人　統計質保証推進協会　統計検定センター

発行者　小山隆之

発行所　株式会社 実務教育出版

〒163-8671　東京都新宿区新宿1-1-12

☎編集　03-3355-1812　　販売　03-3355-1951

振替　00160-0-78270

組　版　ジェット

印　刷　シナノ印刷

製　本　東京美術紙工

ISBN 978-4-7889-2552-6 C3040　Printed in Japan

乱丁，落丁本は本社にておとりかえいたします。

本書の印税はすべて一般財団法人 統計質保証推進協会を通じて統計教育に役立てられます。